H.J.C. BERENDSEN
データ・誤差解析の基礎

林 茂雄・馬場 涼 訳

東京化学同人

A Student's Guide to
Data and Error Analysis

HERMAN J. C. BERENDSEN

*Emeritus Professor of Physical Chemistry,
University of Groningen, the Netherlands*

Copyright © H. Berendsen 2011

Originally published in English by
Cambridge University Press in 2011

まえがき

本書は，誤差と精度を考慮しつつ実験データを処理するための案内書である．想定する読者は，物理学，天文学，化学，生命科学，工学分野の実験屋であるが，シミュレーションデータをつくる理論屋にも有用である．というのは，そのような理論屋は実験屋と同様なデータ解析の技法を必要とするからである．本書で強調したことは，実験データがそろったなかで理論的に最良の推定値とフィッティングパラメーターの不確かさをどうやって決めればよいかということである．この種の問題は，ほとんどの理工系の研究者やエンジニアが一度は経験することである．ただし，実験のデザインや仮説の検証については，他書で扱われているので軽く言及するにとどめてある．

本書を誤差解析の授業で用いることができる．実験法の講義の一部としてもよいし，データの解析法と表現法を別の科目としてもよい．例題と演習問題があるので，自習によっても必要な知識を身につけることができる．また，本書をデータ解析のための手引きとして利用するのもよい．そのためにデータシートとコンピュータープログラムを入れておいた．

本書の構成を説明しよう．第Ⅰ部は肝になる部分であり，実験誤差の分布がどのようなものであるか，実験データに含まれる誤差の精度を正しく評価するにはどうすればよいかを説明している．また，単位を含めてデータをきちんと表現するにはどうすればよいのかについても述べている．最後の章ではベイズ理論に基づいた推論法をじっくりと考える．第Ⅰ部は実用に主眼をおいた構成になっていて，理論的な詳細は意図的に省いてある．数学に強い学生や原理を理解したい学生には不満が残るかもしれない．そうした学生諸君をおもに想定したのが第Ⅱ部である．第Ⅱ部では掘り下げた議論を展開し，第Ⅰ部で現れた数式を証明している．当然ながら，第Ⅱ部では数学的センス（特に線形代数）が必要である．第Ⅲ部にはPythonプログラムを掲載した．最後に第Ⅳ部には，データ処理の便利帳として使えるデータシートを多数入れておいた．なお，第Ⅰ部の最後に練習問題の略解がある．

実際的な応用にむけたコンピュータープログラムが随所にはいっている．

データ解析専用のコンピューターソフトが数多く出回っているが，教育的視点からいうと専用ソフトを使うことは推奨しない．中身がわかっていないソフトから，訳のわからない結論が得られることはよくあることである．ブラックボックス的なソフトは，ユーザーが内容をきちんと理解していない限り頼りにしてはならない．もしソフトウェアパッケージを用いるのであれば，数学的処理とグラフ的処理を行うインタラクティブなプログラムを使うべきである．それらはたいていコンパイラーではなくインタープリターに基づいて処理を行う．MATHEMATICA，MATLAB，MATHCADなどの市販ソフトはこの目的にかなっている．しかしながらほとんどの読者はそれらのソフトが利用できないし，たとえ授業で利用できたとしても後になって利用できるとは限らない．そこで本書では，広く利用でき，現在でも開発が進行中のインタープリター型言語であるPythonを選んだ．配列用および科学技術計算用の拡張モジュールであるNumPyとSciPyによって市販プログラムのレベルまで拡張することができる．本書に関係したソフトはwww.hjcb.nl/*にある．そこにはグラフ描画用モジュールの`plotsvg.py`もはいっている．

　本書のもとになったのは，Groningen大学の物理学科と化学科で1997年より利用されているオランダ語の教科書"Goed meten met fouten (Berendsen, 1997)"である．旧版への訂正と貴重な意見を頂戴したEmile Apol, A. van der Pol, Ruud Scheekの各氏にお礼を申し上げたい．読者からのご意見はauthor@hjcb.nlにお願いしたい．

---

　* 訳注：本書中に記載されているウェブサイトについては，変更・削除されることがある．

訳者まえがき

　本書は，理工系の学部学生・院生および研究者向けに，統計処理の方法と誤差の見積り法を解説した本である．実験データの統計処理法をはじめとして，カイ二乗分布や F 分布，そして各種の検定法が取上げられている．そして，多粒子系のコンピューターシミュレーションで得られる統計量の誤差についても著者の経験が語られている．

　訳者のおすすめとしては，以前に訳した"誤差解析入門"(J. R. テイラー著，東京化学同人，2000) に引続いて本書をお読みになるのがよいのではないかと思う．前訳のウリがとっつきやすさであるのに対し，本書のウリは厳密さとプログラムの提供である．厳密さの典型的な例としては average と mean の区別があげられる．両者はふつう平均と訳され，われわれも違いを気にしないことが多いが，著者は両者を明確に定義したうえで使い分けている．訳者としては著者のこの姿勢を尊重して訳出するように努めた．

　かといって著者は数学的厳密さを前面に打出すことはしていない．数学的側面は，第 II 部でまとめて取上げられている．著者が述べているように，本書をマニュアルとして利用したい読者には，第 I 部と第 IV 部だけでも十分利用価値がある．

　プログラムについていえば，著者は Python 言語で記述したプログラムを多数提供している．日本でも根強い愛好家がいるが，必ずしもポピュラーとはいえないのが Python の現状であろう．しかし，何らかのオブジェクト指向言語の知識があれば，特に困難を感ずることなく利用できるであろう．

　そのほか，本書の特徴をあげるとすれば，ベイズ推論がある．この種の成書には珍しい題材である．

　本書は，データ処理法および誤差の解析法をじっくり考えてみたい人にとって格好の専門書である．

　　2013 年 2 月

　　　　　　　　　　　　　　　　　　　　　　　　　　訳者記す

目　次

第Ⅰ部　データ・誤差解析

1. はじめに ……………………………………………………………………… 3

2. 誤差を含めて物理量を表す ……………………………………………… 6
   - 2・1　一連の測定値をどう表現するか ……………………………… 6
   - 2・2　数値の表し方 …………………………………………………… 10
   - 2・3　誤差の表し方 …………………………………………………… 12
   - 2・4　単位の使い方 …………………………………………………… 15
   - 2・5　実験データの図示 ……………………………………………… 17

3. 誤差：分類とその伝播 …………………………………………………… 21
   - 3・1　誤差の分類 ……………………………………………………… 21
   - 3・2　誤差の伝播 ……………………………………………………… 23

4. 確率分布 …………………………………………………………………… 31
   - 4・1　はじめに ………………………………………………………… 31
   - 4・2　確率分布に関するさまざまな特性値 ………………………… 33
   - 4・3　二項分布 ………………………………………………………… 36
   - 4・4　ポアソン分布 …………………………………………………… 40
   - 4・5　正規分布 ………………………………………………………… 41
   - 4・6　中心極限定理 …………………………………………………… 45
   - 4・7　その他の確率分布 ……………………………………………… 46

5. 実験データの処理 ... 57
5・1 データ系列の分布関数 ... 58
5・2 データ系列の平均値と平均二乗偏差 ... 61
5・3 平均と分散の推定値 ... 62
5・4 平均の精度とスチューデントのt分布 ... 63
5・5 分散の精度 ... 65
5・6 重みの異なるデータの扱い方 ... 66
5・7 ロバストな推定 ... 68

6. 誤差を含むデータのグラフ化 ... 77
6・1 はじめに ... 77
6・2 関数の線形化 ... 79
6・3 グラフを使ったパラメーターの精度の推定 ... 83
6・4 較正データの利用 ... 86

7. 関数によるデータのフィッティング ... 91
7・1 はじめに ... 91
7・2 線形回帰 ... 94
7・3 最小二乗法による一般的な当てはめ ... 99
7・4 カイ二乗検定 ... 102
7・5 パラメーターの精度 ... 105
7・6 フィッティングの有意性についてのF検定 ... 113

8. ベイズに帰る：確率分布としての知識 ... 118
8・1 直接および逆の確率 ... 118
8・2 ベイズ登場 ... 120
8・3 事前確率をどう選ぶか ... 121
8・4 ベイズ推論の三つの例 ... 122
8・5 結論 ... 128

参考文献 ... 131
練習問題の解答 ... 133

第Ⅱ部　付　録

A1　誤差の結合 …………………………………………………………… 141

A2　ランダム誤差による系統的な偏移 …………………………………… 144

A3　特 性 関 数 …………………………………………………………… 147

A4　二項分布から正規分布へ ……………………………………………… 149
　A4・1　二項分布 …………………………………………………………… 149
　A4・2　多項分布 …………………………………………………………… 150
　A4・3　ポアソン分布 ……………………………………………………… 150
　A4・4　正規分布 …………………………………………………………… 152

A5　中 心 極 限 定 理 …………………………………………………… 154

A6　分 散 の 推 定 ……………………………………………………… 157
　A6・1　相関のないデータ点 ……………………………………………… 157
　A6・2　相関のあるデータ点 ……………………………………………… 158

A7　平均値の標準偏差 …………………………………………………… 160
　A7・1　n 個の独立なデータの平均 $\langle x \rangle$ の分散が x 自体の分散
　　　　　を n で割った値に等しいのはなぜか ……………………… 160
　A7・2　データに相関があると結果はどう影響されるか ……………… 160
　A7・3　標準偏差の推定値はどれだけ正確か …………………………… 163

A8　分散が等しくない場合の重み因子 ………………………………… 164
　A8・1　期待値が同じ μ で標準偏差 σ_i が異なるいくつかのデータ
　　　　　x_i の平均値を決める "最もよい" 方法は何か ……………… 164
　A8・2　$\langle x \rangle$ の分散の大きさはどれくらいか ………………………………… 165

A9　最小二乗法によるフィッティング ………………………………… 166
　A9・1　$y \approx ax+b$ の最良パラメーター a と b はどう見つけたらよいか ……… 166

A9・2　一般的な線形回帰 ……………………………………………… 167
A9・3　パラメーターの関数としてのSSQ ……………………………… 168
A9・4　パラメーターの共分散 …………………………………………… 169

第Ⅲ部　Pythonコード

第Ⅳ部　データシート

C・1　カイ二乗分布 ……………………………………………………… 209
C・2　F分布 ……………………………………………………………… 211
C・3　最小二乗法フィッティング ……………………………………… 213
C・4　正規分布 …………………………………………………………… 215
C・5　物理定数 …………………………………………………………… 219
C・6　確率分布 …………………………………………………………… 221
C・7　スチューデントのt分布 ………………………………………… 223
C・8　単　位 ……………………………………………………………… 225

索　引 …………………………………………………………………… 233

第 I 部
データ・誤差解析

- 1 はじめに
- 2 誤差を含めて物理量を表す
- 3 誤差：分類とその伝播
- 4 確率分布
- 5 実験データの処理
- 6 誤差を含むデータのグラフ化
- 7 関数によるデータのフィッティング
- 8 ベイズに帰る：確率分布としての知識

1

は　じ　め　に

　計測に誤差は付きものである．多くの場合，機器の調整不足や精度不足，あるいは表示値の不正確な読み取りが原因なのだが，十分調整されたデジタル表示の計測機器を使っても結果にばらつきがでるのはふつうのことである．また，有限の温度で計測を行う以上，極論すればあらゆる物理量は熱雑音の影響を免れない．結局，どんな量でも実験的に決定しようとすれば不確かさは避けられない．しかし，測定を繰返し行うことができるのであれば，事情は（いくらか）違ってくる．計測によって得られた値は，ある**確率分布**（probability distribution）から無作為に抽出した標本とみなせるのである*．したがって，計測結果を示すときに，たとえば確率分布の"幅"の最良推定値はこれこれだ，といった具合に不確かさの程度を一緒に示すことは重要な意味をもつ．実験データを処理し，そこから結論を導くにあたって，実験の不確かさは結論の信頼性を大きく左右する．

　理想をいえば，実験値が一体どのような確率分布から無作為抽出された標本とみなせるのかをはっきりと示せるとよい．しかし，実験したのは一度だけ，という場合は厄介である．たとえその実験で，何度も測定を繰返したとしても，得られる平均値は一つだけである．標本が一つしかないので，元の確率分布については真正直

　＊　訳注：計測対象の量（変数 X）が値 x をとる可能性は，その変数の性質や測定方法（試行の仕方）によって左右される．値 x をとる可能性を確率と考えると，値 x とそれが現れる確率との間には一定の関係があるのがふつうで，その対応関係を確率分布という．計測の結果得られた測定値を確率分布のなかから無作為に抽出した標本とみなせれば，標本から母集団である元の確率分布の性質，つまり測定値の確からしさ（裏返せば，不確かさ）について推測することが可能となる．その意味で，頻繁に登場する確率分布という言葉は，本書の重要なキーワードになっている．

にまったく何もわかりませんと諦めるしかないのだろうか．実は統計学が味方についている．変数 x を繰返し測定した結果が $x_1, x_2, \cdots, x_n$ となり，その平均値を計算して実験結果としたとしよう．その実験結果は，ある確率分布から無作為抽出された一つの標本と考えることができる．そして，統計学はその確率分布の特性はどのようにしたら見積ることができるのかを教えてくれる．それにより，確率分布の平均値，これは確率分布のうちで最も可能性の高い値と言い換えてもよいが，そうした値を見積ってそれを実験結果とすることができる．また，分布の幅を見積って実験結果の偶然誤差の大きさとすることも可能である．

ふつう，測定値そのものが実験の結論になることはなく，測定値を何らかの関数関係に基づいて計算して結論を導く．たとえば，長方形の面積は縦と横の長さの積で与えられる．縦と横の長さを測定すれば，それぞれの推定値と偶然誤差が得られ，この誤差は関数関係（この場合は掛け算）を通じて最終的な答えにまで伝播していく．最終的な答えの誤差を求めるには，それぞれの測定値の誤差を用いて適切に計算することが必要である．

本書の目的は，そうした最終的な答えに関して，その値と偶然誤差の両方を最も正しく見積るにはどうしたらよいのかを示すことにある．そのための実用的なガイドブックとなるように，本書の主要な部分で関係式とその取扱い方については細かな誘導を省いて簡潔に述べ，細かすぎる説明によって本書の実用性が損なわれないように努めた．しかし，いくつかの補足事項および式の導出とその統計学的な背景については適宜説明を加え，本書の第Ⅱ部に収めた．さらに細かな説明が必要なときは，適当な教科書を参照するとよい*．

つぎの第2章では，誤差や単位を正しくつけて測定結果を適切に表すことについて説明した．第3章では，さまざまな誤差の分類と誤差の伝播を扱った．第4章では，代表的ないくつかの確率分布についてまとめた．実験誤差は確率分布からの無作為抽出に由来するのである．第5章では，データ系列の特徴をどのように捉えたらよいか，またその特徴が答えの最良推定値や誤差を見積るうえでどう影響するかについて示した．第6章では，グラフを使ったデータの簡便な解析法を扱ったが，第7章では，より精度の高い最小二乗法を用いたモデルパラメーターのデータフィッティングについて説明した．最後の第8章では，統計学的手法を用いるうえ

---

* 教科書のなかにはさまざまな読者を想定しすぎ，かえって理工系の人間にとっては使いづらいものもある．そんな読者には，Bevington and Robinson (2003)，Taylor (1997)，Barlow (1989)，Petruccelli *et al.* (1999) などがお勧めである（p.131, p.132 参照）．

で基本となる考え方について考察した．また，モデルパラメーターの確率分布を求めるうえで，より直感的でわかりやすく汎用性に富むベイズ法と従来の代表的な仮説の検証法とを比較した．

2

誤差を含めて物理量を表す

　この章では，実験データをどのように表現すればよいかについて説明する．ある物理量の値を示す場合，適切な形で誤差についても示す必要がある．また，それがどのような種類の誤差で，どう見積ったのかについても示さなければいけない．誤差を示すときにはその数値が適切な桁数であることが必要である．また，必要な単位も国際的な基準に従ってつけることとなる．そこで，結果を示すのは最後の段階であるが，この章では，まず実験結果をどのように表現したらよいかというところから始めよう．

2・1　一連の測定値をどう表現するか

　大抵の場合，一連の測定値に基づいて一つの結果を導く．その際，個々の測定値を示すことはしない．実験データと目的とする答えを導くために用いた計算モデルに基づいて，測定したかった値の最良推定値を報告するのがふつうである．結果を公表する際，実験データの処理方法について，実際にどのように行ったのかをはっきりと示す必要がある．しかし，実験データの詳細を省略せずに（補遺あるいは追加資料の形で）示す場合もある．それによって，読者は結果を吟味することもできるし，別の計算手法を当てはめてみることも可能となる．

2・1・1　示すのは全データか，ヒストグラムか，パーセンタイルか

　実験データを最も詳細に報告するには，全データを列挙するか，あるいは表にまとめればよい．それらとほとんど等価だが，データの**累積分布**（cumulative distribution)（p.58 の§5・1 を参照）を示してもよい*1．一方，いくつかの区間（**仕分け箱**，bin）に区切ってそれぞれに属するデータの個数を集計した**ヒストグラム**（histogram）を使うと，一部の情報が失われる．累積分布についていくつかの**パーセンタイル**（percentile）*2 を報告する方式では，さらに情報が減る．この方式では，通常 0%，25%，50%，75%，100%のときの値〔すなわち，最小値，第1四分位数，メジアン（中央値），第3四分位数，最大値〕が用いられる．これはつぎの例に示すように"箱ひげ図"で表される．

2・1・2　データセットの特性をどう表現するか

　上に示した方法は，順位に基づいた表示であり，はじめにデータを順に並べ替える必要がある．データセットの特性は，観測したデータの個数，**平均値**（average*3），平均値からの偏差の二乗平均（**平均二乗偏差**，mean squared deviation）あるいはその平方根（**根平均二乗偏差**，root-mean-squared deviation），連続したデータ間の相関などで示すことができる．また，もし飛び離れた値があれば，それ（**外れ値**，outlier）も示すとよい．**平均**（mean*3），**分散**（variance），**標準偏差**（standard deviation），という用語は用いないことに注意したい．これらの用語はデータセットについてではなく，確率分布の特徴を表すときに用いる．こうした用語をデータセットに関して使うと誤解を生じるかもしれない．たとえば，母集団の確率分布から無作為抽出した標本がデータセットであるが，その母集団確率分布の分散の最良推定値は，データセットの平均二乗偏差とは異なり，それよりいくらか大きく〔$n/(n-1)$ 倍〕なる（p.62 の§5・3 を参照）．

例：30 個の測定値

　x という量について測定を行い，表2・1のような30個の測定値を得たとしよう．図2・1にそのデータの**累積分布関数**（cumulative distribution function）を示した．また，図2・2には同じデータを**確率スケール**（probability scale）でプロットしてある．確率スケールとは，正規分布をするデータならグラフが直線となるよう

---

*1　データ点どうしの順序相関が失われるので，まったく同じというわけではない．
*2　訳注：データを小さい方から順に並べて，全体の p%の位置（データが100個あれば，小さい方から p 番目）にあるデータの値を p パーセンタイルの値という（§4・2・4 参照）．統計の代表値の一つで，百分位数ともいう．
*3　訳注：著者は，mean と average を使い分けている．ふつう，どちらも平均（値）と訳す．§2・3，§4・2 および§5・2 を参照せよ．

な尺度目盛のことである．幅が等しい六つの区間から成るヒストグラムを図2・3に示す．これにより，測定データがかなり不均一な分布をしていることがよくわかる．

表2・1 30個の測定値の例．小さい順に並べてある．

1	6.61	6	7.70	11	8.35	16	8.67	21	9.17	26	9.75
2	7.19	7	7.78	12	8.49	17	9.00	22	9.38	27	10.06
3	7.22	8	7.79	13	8.61	18	9.08	23	9.64	28	10.09
4	7.29	9	8.10	14	8.62	19	9.15	24	9.70	29	11.28
5	7.55	10	8.19	15	8.65	20	9.16	25	9.72	30	11.39

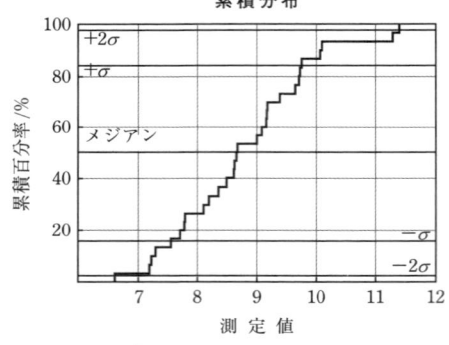

図2・1 30個の観測値に対する累積分布関数．縦軸は，総計に対する累積百分率．

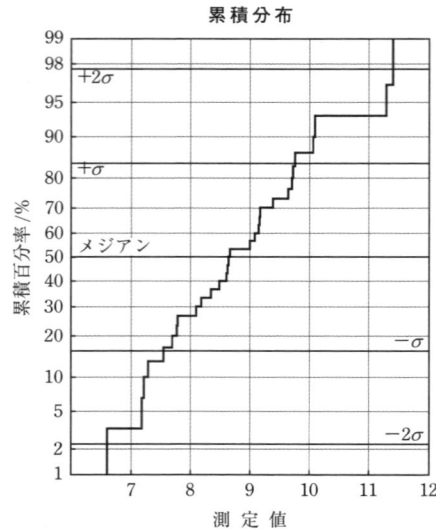

図2・2 30個の観測値に対する累積分布関数．縦軸は，総計に対する累積百分率を確率スケールで表したものであり，正規分布の場合にはグラフは直線を与える．

p.177のPythonコード**2・1**を用いて,表2・1の値と累積分布を生成した(以下第Ⅲ部との関係を示す).

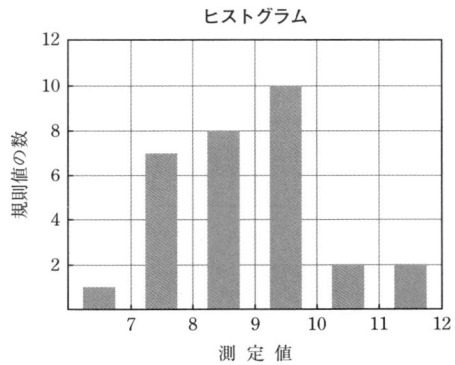

図2・3 30個の観測値に対するヒストグラム.幅の等しい六つの区間に分けた.

図2・3のヒストグラムはp.177の**Python コード2・2**により生成した.

データセットの特性値としてはつぎの量がある.
ⅰ) 観測値の個数: $n = 30$
ⅱ) 平均値(average): $m = 8.78$
ⅲ) 平均値からの平均二乗偏差: $\mathrm{msd} = 1.28$
ⅳ) 平均値からの根平均二乗偏差: $\mathrm{rmsd} = 1.13$

これらの特性値は,配列型のメソッドあるいは関数として得られる.p.178の**Pythonコード2・3**を参照.

順位に基づく特性値には,データセットのなかである一定の割合をはじめて超える値をさすものがある.たとえば,メジアン(50%),第1および第3**四分位数**(quartile)(25%および75%),p パーセンタイルなどである.p パーセンタイルに相当する値を x_p とすると,データの p% が x_p 以下の値をとり,$(100-p)$% が x_p

以上の値をとる*．**トータルレンジ**（total range，値域）とは最大値と最小値で決まる区間のことである．図 2・4 は，箱ひげ図を用いてデータを表示したものであり，トータルレンジが"ひげ"，四分位数が"箱"に相当する．

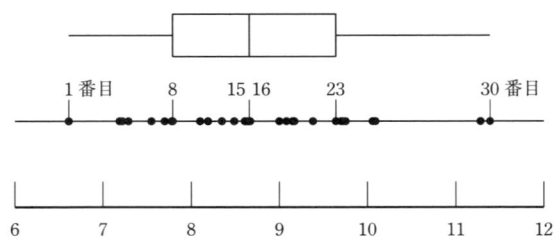

図 2・4 30 個の観測値について，トータルレンジ，メジアン，第 1 および第 3 四分位数を示す箱ひげ図．メジアンは 15 番目と 16 番目のデータの間にあり（つまり，両側に 15 個ずつのデータがある），ちょうど二つの値の平均に当たる．

 百分位数を決める簡単なプログラムが p.178 の **Python** コード 2・4 である．

2・2 数値の表し方
2・2・1 数字を区切る：カンマかピリオドか？

英語だけでなく，あらゆる計算機言語で（そして中国，イスラエル，スイスなどの国々の言語でも）実数の整数部と小数部を分けるために小数 "点" が使われる．一方，ほかの多くの言語（ほかのヨーロッパ言語，ロシア語，それらの類縁語）では，点ではなくカンマ（,）が使われる．どちらの記号を使うにせよ，首尾一貫していればよい．しかし，点やカンマを使って，たとえば 300,000（英語）や 300.000（フランス語など）のように長大な数を 3 桁ごとに分けることは，混乱を生じるので絶対に避けるべきである．その代わりに，空白文字（できれば幅の狭い空白文字

---

* この表現には曖昧さがある．たとえば，9 個の値から成るデータセットでは，ちょうど 5 番目の値がメジアンとなる．同様に，p 番目の百分位数が特定のデータをさす場合がある．しかし，10 個のデータがあればメジアンは 5 番目と 6 番目の間となるように，百分位数も二つの値の間の値をとることがふつうである．そうした場合には，線形内挿によってその値を求める．

2・2・2 有効数字

測定結果を表示するには，その値がもつ精度を反映した桁数の数字を使って表す必要がある．数値がゼロで終わる場合も同様である．そのように表された数字が**有効数字**（significant figure）である．しかし，計算途中の値については，丸め誤差が蓄積しないように精度を高くしておかなければいけない．最終的な答えの精度を常に念頭に置きながら計算するのがよい．精度について具体的な記述がない場合，最後の桁の数字に対して ±0.5 が誤差だと考えればよい．

数値の表し方の例

- ⅰ）1.65±0.05
- ⅱ）2.500±0.003
- ⅲ）35 600±200：$(3.56±0.02)×10^4$ とする方がよい．
- ⅳ）5.627±0.036 としてもよいが，誤差の大きさが十分な精度でわかっている場合に限る．それ以外は，5.63±0.04 と表記すべきである．
- ⅴ）アボガドロ数は，$(6.022\,141\,79±0.000\,000\,30)×10^{23}\,mol^{-1}$ である．これは，$6.022\,141\,79(30)×10^{23}\,mol^{-1}$ と略記することもある．
- ⅵ）2.5 というのは，2.50±0.05 と同じ意味である．
- ⅶ）2.50 というのは，2.500±0.005 と同じ意味である．
- ⅷ）古い文献では，たとえば $2.3_5=2.35±0.03$ のように，下付き文字で最後の桁の誤差が約 1/4 という意味で用いられていたが，これは使わない方がよい．

誤差を丸める場合，無理をしないことである．判断に迷ったら，切下げではなく切上げを行うとよい．たとえば，統計計算で誤差が 0.2476 となったとしよう．行った実験の精度に照らして誤差が確かに 2 桁で 0.25 のように表せる場合を除いて，これは丸めて 0.2 ではなく 0.3 とするのがよい．p.65 の §5・5 を参照せよ．ところで，電卓は統計の常識に従って自分で計算しているわけではなく，非現実的な精度の計算結果を平気で表示することに注意してほしい．

---

* これは IUPAC で推奨されている．Guidelines for Drafting IUPAC Technical Reports and Recommendations のウェブページを参照．

2・3 誤差の表し方

結果の精度や誤差はいろいろな方法で表すことができる．誤差を示すときは，どのような誤差についていっているのかをはっきりさせることが絶対に必要である．一般に，何も明示されていなければ，示された数値は推定した確率分布についての標準偏差すなわち**根平均二乗誤差**（root-mean-squared error）を表しているものと考える．

2・3・1 絶対誤差と相対誤差

測定対象の物理量の次元と同じ次元で，誤差を絶対誤差として表示することができる．絶対誤差はしばしば数字を括弧で囲んで表示するが，もともとの物理量の数値の最後の桁に関連づけをするという意味がある．

例

　ⅰ）2.52 ± 0.02
　ⅱ）$2.52 \pm 1\%$
　ⅲ）$2.52(2)$
　ⅳ）$N_A = 6.022\,141\,79(30) \times 10^{23}\,\mathrm{mol}^{-1}$

2・3・2 確率分布を使う

測定量 θ についてどれだけ知っているかをその量に関する確率分布として表せるなら，一つあるいはそれ以上の**信頼区間**（confidence interval）を示すことができる．一般に，ベイズ解析を行った場合（第 8 章参照）がこれに当たる．推定される確率分布がガウス分布（正規分布）から著しくずれていて，分散あるいは標準偏差が意味をもたない場合，信頼区間を示すことは測定結果の正確さを報告するのに最もふさわしい．したがって，たとえば分布の 90% 信頼区間を示したうえで，測定値に対するベイズ推定値が分布の期待値（あるいは平均値）になっていると説明することができる．その場合，信頼区間は二つの数値によって与えられる．区間の下限は，測定量がそれより小さい確率が 0.05 となるような点であり，上限は測定量がそれより大きい確率が 0.05 となる点である．推定の根拠となる実験回数 n についても報告することが望ましい．

測定量の推定値 $\hat{\theta}$ には，以下のようにいく通りもの表現方法がある．

i) **平均**(mean),つまり確率分布に関する**期待値**(expectation)$E[\theta]=\int \theta\, p(\theta)\,\mathrm{d}\theta$
ii) **メジアン**(median),つまり累積分布(p.33 の§4・2参照)が50%になる値.真の値がメジアンより小さい確率はメジアンより大きい確率と等しい.
iii) **モード**(最頻値,mode),つまり最も度数の大きい値であり,そこでは確率分布が最大である.

これらの推定値は互いに似たような値をとり,一般にその差は標準偏差に比べるかに小さい.また,分布が対称のときは,それらの値は一致する.いずれにしても,どのような値を報告するのかをはっきり示す必要がある.

例

i) 計算機シミュレーションを例として考えてみよう.ここではコンピューター上の時間スケールで不可逆なある事象(たとえば,タンパク質分子のコンフォメーション変化)が起こるのを"観測"する.その事象は,微小な時間Δtに対して常に一定の確率$k\Delta t$で起こるものとする.そうした事象を7回(時刻$t_1, t_2, \cdots, t_7$で)観測し,ベイズ解析(§8・4・3を参照)を行ってkに関する確率分布を導きたい.反応速度定数の期待値は,$E[k]=7/(t_1+t_2+\cdots t_7)=1.0\,\mathrm{ns}^{-1}$である.この分布$p(k)$,および累積分布$P(k)$(図2・5参照)は以下の特性値をもつ(必要以上の桁数で示してある).

- 平均は1.00,この値は$\hat{k}$の最良推定値でもある.
- メジアンは0.95
- モードは0.86
- **標準偏差**(standard deviation),つまり平均からの偏差の二乗の期待値の平方根:$\hat{\sigma}=\sqrt{E[(k-\hat{k})^2]}=0.38$.標準偏差が分布の幅をよく表していることを,以下の例で見てみよう.正規分布では累積確率の68%が区間$(\hat{k}-\hat{\sigma}, \hat{k}+\hat{\sigma})$に存在するが,この例のベイズ分布では,$(1-0.38, 1+0.38)$の区間に累積確率の69%が存在する.したがって,分布の中心付近は正規分布に近いと考えられ,この領域では標準偏差を用いることに確かに意味がある.しかし,裾の領域では様子がかなり異なる.
- 90%の**信頼水準**(confidence level):$k(P=0.05)=0.47$;$k(P=0.95)=1.69$.これは,90%の確率でkの値が0.5と1.7の間に存在することを意味している.

この例では，すべての実験値 $t_1, t_2, \cdots, t_7$ を報告することにより，読者は自分なりの結論を導くことができる．結果の表し方はいろいろある．最も簡単なのは $\hat{k}=1.0\pm0.4$ であるが，これでは分布の仕方については何もわからない．たとえば，90%のベイズ信頼区間＝(0.5, 1.7)；$n=7$ などと，信頼区間や測定回数も示す方がよい．

すべての情報を示そうと思えば，図2・5のような確率分布を示すとよい．

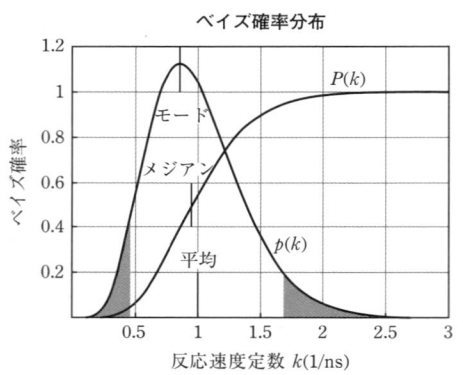

図2・5 指数関数的な崩壊過程の反応速度定数 k に関するベイズ確率分布．7回の寿命測定実験に基づいている．

ii) 粒子線中の粒子の速度を，100個の粒子に対する飛行時間測定によって決定してみよう．観測される速度の値は，何らかの分布から抽出された標本である．粒子の速度分布について，つぎの二つの特性値を求めたい．一つは平均 (mean)，もう一つは標準偏差である．こうした問題は，p.61 の §5・2 で扱っている．100個の測定値は，平均値 (average) $\langle v \rangle = 1053$ m/s および平均値からの平均二乗偏差 $\langle (\Delta v)^2 \rangle = 2530$ m²/s² により特徴づけられる．ここで，$\Delta v = v - \langle v \rangle$ である．それぞれの特性値について，最良推定値とその**標準誤差** (standard error)* を示すと，以下のようになる．

- 平均速度：1053 ± 5 m/s
- 速度分布の標準偏差：50 ± 4 m/s

速度分布の分散についてはあらかじめ知ることができないので，スチューデ

---

* 訳注：p.34 および p.63 を参照せよ．ここで示す標準偏差の標準誤差とは，平均二乗偏差 $\langle (\Delta v)^2 \rangle$ をもつ平均速度の誤差分布の標準偏差のことをさす．

ントの t 分布（p.63 の§5・4 節参照）を適用して，以下のように報告してもよい．
- 平均速度：1053 m/s，t 分布の 90%信頼区間＝(1045, 1061)，ν＝99．

この場合，自由度（ν）がきわめて大きいため，t 分布の信頼区間を報告することはあまり意味がない．正規分布との差異が無視できるためである．標準誤差を報告する方がはるかによい．

2・4 単位の使い方
2・4・1 SI 単位

物理量は，不確かさを含む数値に単位を組合わせて示す．単位は適切に選び，正しい表記で使わなければいけない．単位とその表記法については国際的な取決めがあり，"国際単位系（SI）"[*1]という．SI 単位は SI 基本単位である m，kg，s，A，K，mol および cd（p.225 のデータシートの単位の項を参照）を使って組立てられている．（おもに米国の）文献ではしばしば非 SI 単位を目にするが，SI 単位系を使うよう常に心掛ける必要がある．したがって，kcal/mol は使わずに kJ/mol を，Å ではなく nm（または pm）を，kgf[*2] ではなく N を，psi[*3] ではなく Pa を使うようにしたい．

2・4・2 非 SI 単位

非 SI 単位も使われることがある．たとえば，分(min)，時間(h)，日(d)，度(°)，分(')，秒(")，リットル(L=dm^3)，トン(t=1000 kg) あるいは天文単位(ua=1.495 978 70×10^{11} m)[*4] などである．化学ではリットルをよく使うが，その記号は大文字の L であり，しばしば見受けられる小文字の l ではない[*5]．したがって，ミリリットルは mL とし，ml は使わない．濃度の単位 mol/L は SI 単位の mol/dm^3 に準じて使われるが，モル濃度（＝mol/L）を表す記号 M は今はあまり使われなくなった．mol は小文字で書き，最後に e をつけない．モル(mole)は，単位が mol

---

[*1] SI 単位は 1960 年の CGPM（国際度量衡総会）で決められた．
[*2] 訳注：1 kgf（キログラム重）≒9.8 N．
[*3] 訳注：psi は，ヤード・ポンド法の圧力の単位．1 平方インチ当たり 1 重量ポンドの力に相当．
[*4] 訳注：天文単位は，日本では au または AU と表記することが多い．
[*5] 1979 年の CGPM から推奨されている．

の物質量を示す英語である．非 SI 単位のなかには正式には使用が認められていないものの，限られた文脈ではよく使われるものもある．具体例としては，海里 ($=1852\,\mathrm{m}$)，ノット（海里/h），アール ($100\,\mathrm{m}^2$)，ヘクタール ($10^4\,\mathrm{m}^2$)，オングストローム ($\mathrm{Å}=10^{-10}\,\mathrm{m}$)，バーン ($\mathrm{b}=10^{-28}\,\mathrm{m}^2$)[*1]，バール ($10^5\,\mathrm{Pa}$) などがある．正式な表記のみを使うようにしたい．秒は sec ではなく s，グラムは gr ではなく g，またミクロンではなく μm などである．p.225 の単位のところで列記した接頭語を使うが，とりわけ 3 桁ごとの区切りに対応した接頭語を使うのが望ましい．メガを m としたり，ギガを g としてはならない．これらには大文字を用いることに注意したい．最後に，スラッシュ (/) を二つ使ったり，まぎらわしい表現は使わないようにすること．たとえば，kg/m/s や kg/m s などではなく，$\mathrm{kg\,m^{-1}\,s^{-1}}$ とすること．

2・4・3 文字組みの約束事

文字組みに関しては，一定の約束事があり，科学論文を書くときばかりでなく，日常のレポートを書くときにもそれに従うべきである．近年，テキストエディタやワープロを使うようになってきたので，必要なときにローマン体，イタリック体，ボールド体を使わない理由はない．その際のルールとしては，

- スカラー量やスカラー変数にはイタリック体を使う．
- 単位や接頭語にはローマン体を使う（大文字を使わねばならない場合があることに注意）．
- ベクトルや行列には太字のイタリック体を使う．
- テンソルにはサンセリフ書体で太字のイタリック体を使う．
- 元素記号や数学の定数，関数[*2]あるいは演算子などを含む記述子にはローマン体を使う．

例

　 i) 入力電圧：$V_\mathrm{in}=25.2\,\mathrm{mV}$

　ii) モル体積：$V_\mathrm{m}=22.4\,\mathrm{L/mol}$

　iii) i 番目の粒子に作用する力：$F_i=15.5\,\mathrm{pN}$

　＊1　訳注：原子核反応の反応断面積の単位．
　＊2　訳注：一般的な関数（たとえば，$f(x)$, $F(x)$, …）の記号は，イタリック体とするのが通例である．

iv） 窒素の元素記号は N，窒素分子は N_2
v） 酸化窒素の混合物：NO_x ($x=1.8$)
vi） $e=2.718\cdots$；$\pi=3.14\cdots$
vii） $F = ma = -\mathbf{grad}\, V$
viii） k 番目の種の生存率：$f_k^{\mathrm{surv}}(t)=\exp(-t/\tau_k)$

2・5 実験データの図示

　実験結果はグラフで図示するのがふつうである．期待値つまり平均は，プロット中のシンボルの位置 (x, y) で示される．x または y の誤差は，端から端までの長さが標準誤差の2倍の長さの**エラーバー**（error bar）で表すのがふつうである．x にも y にも実験誤差が含まれるが，大抵はそのどちらか一方（ふつうは x）は十分に正確で，エラーバーをつける必要がない．表2・2のデータをもとに，図2・6および図2・7に例を示す．濃度を対数表示にしたのは，予想される指数関数的減衰が直線で表せるからである．

　線形プロットでは，右側の3点については，標準偏差が小さいのでほとんど見えない．一方，対数プロットでは，小さな値につけた標準偏差が大きくはっきり見え，エラーバーは上下非対称になる．なお，右側の2点のエラーバーは対数目盛の下限（1 mmol/L）より下に延びるので，実際より短く見える．負の値（偶然誤差のせいで実際に起こりうる）は，対数目盛では示すことができない．

　なかには，"ヒゲ"（T字形の記号）を使ってエラーバーの端をはっきり示そうとする人もいるが，それによって何か有用な情報がもたらされるわけではない．

　科学的に意味のあるグラフとするためには，縦軸，横軸がどんな変数に対応しており，どんな単位をもつのかはっきり示す必要がある．単位をカッコに入れて，時間 t(s) のように書くのは構わないが，図2・6や図2・7のように，時間 t/s とする方がよい．この表し方を使えば，それぞれの軸に示した数値が無次元の量であることがわかる．レポートや論文の中で首尾一貫して用いさえすれば，どちらの表記法を使っても構わない．ただし，スラッシュ（/）を二つ以上使わないこと．E_{pot}/kJ mol^{-1} は大丈夫だが，E_{pot}/kJ/mol としてはいけない．

　もちろん，コンピューター上で見栄えのよいグラフを作成するソフトはいくつかあるが，グラフ用紙に直接手書きで作図するだけでも，変数の間の関係や誤差の意味を推測するには十分である．

表 2・2 反応基質濃度の時間変化．誤差は推定による標準誤差である．

時間 t/s	濃度 c/mmol L^{-1}±s.d.*	時間 t/s	濃度 c/mmol L^{-1}±s.d.*
20	75±4	120	5±2
40	43±3	140	3.5±1.0
60	26±3	160	1.8±1.0
80	16±3	180	1.6±1.0
100	10±2		

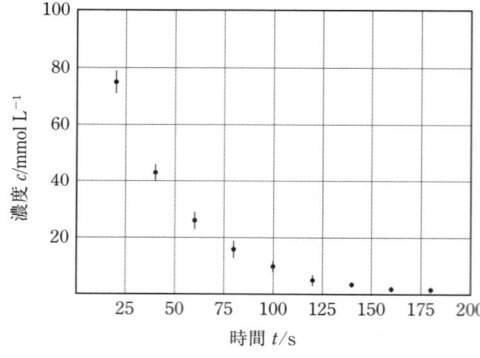

図 2・6 反応物質濃度の時間変化の線形プロット．ここで，エラーバーは"±標準誤差"を示す．データは表 2・2 に与えられている．

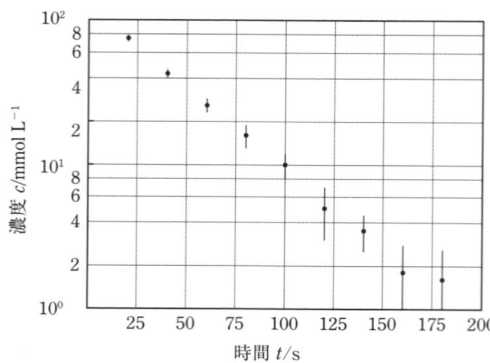

図 2・7 同じデータの対数プロット

 対数目盛を使って図 2・7 を作成するには，p.178 の **Python コード 2・5** を参照．

---

* 訳注：s.d. は，標準偏差（standard deviation）の略号．ここでは，標準誤差と同じ意味で使われている（§4・2参照）．

第2章のまとめ

　この章では，レポートや論文の中で実験結果をどのように表記すればよいのかを学んだ．適切に表現するということは，データの精度に応じた桁数の有効数字で数値を表すことであり，実験値の正確さあるいは不正確さが明確になっていることである．また，結果について単位と文字種が適切に表記されていることである．実験結果は常に誤差を含んだ形で示されるべきものであり，報告された誤差が何を意味し，誤差はどのように見積られたのかをはっきりと示さなければならない．

練 習 問 題

2・1 以下を適切な表現に直せ．

a) $l = 3128 \pm 20$ cm

b) $c = 0.01532$ mol/L ± 0.1 mmol/L

c) $\kappa = 2.52 \times 10^2$ A m^{-2}/V m^{-1}

d) $k/\text{L mol}^{-1}/\text{s} = 3571 \pm 2\%$

e) $g = 2 \pm 0.03$

2・2 以下の量を SI 単位または SI 単位系で許容される単位に変換せよ (p.225 の単位の項参照)．

a) 圧力: 1.30 mm Hg

b) 圧力: 33.5 psi

c) 濃度: 2.3 mM

d) 原子間距離: 1.45 Å

e) 活性化エネルギー: 5.73 kcal/mol

f) 毎日のエネルギー必要量: 2000 カロリー*

g) 力の大きさ: 125 kgf

h) 吸収放射線量: 20 mrad

i) 燃料消費率: 100 マイル当たり 3.4 米ガロン

j) 双極子モーメント: 1.85 デバイ

k) 分極率: 1.440 Å^3

---

* 訳注: 栄養学におけるカロリー．1 カロリー = 1 kcal.

■注意■ 有理化SI単位における分極率 α とは，誘起双極子モーメント（単位 C m）と電場（単位 V/m）との比のこと．非有理化単位では，分極率は，$\alpha' = \alpha/(4\pi\varepsilon_0)$ となり，体積の単位をもつ．

3

誤差：分類とその伝播

　誤差（error）と不確かさ（uncertainty）は同じではない*．後者は避けることができない．測定結果の正確さを損う原因を追求していくと，最後は，どうしても避けようのない熱雑音にまで話がいきつく．誤差の素性を明らかにし，避けられる実験誤差の修正の仕方を学んだ後，この章では関数関係のなかで不確かさがどう伝播し，どう結合していくのかを中心に学ぶ．

3・1 誤差の分類

　実験結果には，いくつかのタイプの**誤差**（error）が含まれる．
　ⅰ）（偶然の，うっかりした，あるいは意図的な）ミス．
　ⅱ）系統的な偏差．
　ⅲ）偶然誤差，つまり不確かさ．
　第一のタイプの誤差は，なくさなければいけない．偶然のミスは，注意深くチェックしたり二重にチェックすることで避けられる．うっかりミスは，偶然のミスを見過して起こる．意図的なミス（たとえば，目的に合うデータだけを選ぶなど）は，間違った判断に誘導することになるから決して犯してはいけない．

3・1・1 系統誤差

　系統誤差（systematic error）は，ランダムに生じる性質のものではないが，測

---

　* 訳注：著者は，error と uncertainty を使い分けている．本書では原則として，前者を誤差，後者を不確かさと訳す（§3・1・2参照）．

定結果をゆがめるものである．これは測定機器を間違って較正したり較正が不十分な場合に生じるし，不注意な測定（視差，基準点のずれ，時間のずれなど）によっても生じる．また，知らずに混入した不純物や実験者が気づいていないその他いろいろな原因によっても生じる．特に，最後の原因によるものは最も重大な問題を生じやすい誤差であり，しかも実験結果をほかの研究者の結果と比較するときになってはじめて判明したりする．したがって，問題になりそうな実験結果（たとえば，従来の理論を覆すような実験結果）を間違いないと断定する前に，その実験結果を別の観点から検討してみることが必要である．

3・1・2 偶 然 誤 差

偶然誤差（ランダム誤差，random error）は，本質的に予測不能である．計測機器がもつ読み取り精度の限界によって生じることもあるが，結局のところ，物理的な雑音，つまり熱運動によるゆらぎや単一の事象の起こるタイミングがランダムであることが原因と考えられる．そうした誤差は避けられないし，また予測もできないので，"誤差（error）"という言葉は適当ではない．そこで計測値に関して，真の値からのランダムと思われる偏差に対しては**不確かさ**（uncertainty）"という用語を使うことにしたい．

測定を何度も繰返し行えば，結果は平均値を中心としてある一定の広がりをもって得られ，その広がりによって平均値の不確かさを決めることができる．これらの測定値は，ある確率分布からランダムに（別の言い方では，無作為に）抽出した標本である．その確率分布はある統計的関係に従うと考えられ，それがわかれば不確かさをどう処理すればよいかが明らかになる．もし測定が一回だけであれば，測定機器についての知識に基づいて不確かさを評価すべきである．たとえば，ある物の長さをものさしで測れば±0.2 mm程度の精度はありそうだが，ノギスで測れば±0.05 mmまでの精度は得られる．また，化学の実験で液体の体積を量るのに，ビュレットやメスシリンダーを使えば±0.3目盛までの精度があるといった具合だ．気をつけなければいけないのは，デジタル表示の計測機器がもつ精度である．実際の精度以上の桁数で結果を表示する製品がよくある．信頼できる市販の測定機器では，その機器の精度について明記されているのがふつうで，なかには機器ごとに較正表がつけられているものもある．そうした場合，誤差の最大値が示されているのが一般的である．そうした最大値には（ある程度）系統的な誤差が含まれ，また標準偏差に比べて大きい値となっている．

3・1・3 誤差はどこにあるか

実験家としては，誤差に関して現実的な感覚をもつことが必要である．したがって，結果への影響が最も大きい部分に注意を集中し，測定結果を左右する諸因子の正確さについてバランスをとることができるようになっていなければならない．では，注射器を使った滴定実験で，滴定前後の注射器の重さを量るのに，使用する電子天秤にはどれほどの精度があればよいだろうか．最後の一滴（10 mg 程度だろうか）でちょうど滴定の終点になったとしよう．その場合，小数点以下3桁までの目盛をもつ天秤（±1 mg まで量れる）があれば十分である．精度がもっと高い天秤を使うのは時間的にも予算のうえでも無駄である．物理の実験でいえば，1 ns のパルス光を照射した後の蛍光強度の時間変化を測定する場合，100 ps の時間間隔で発光を追跡すれば十分である．さらに高い時間分解能の測定を行うのは，やはり時間と金の無駄である．

3・2 誤差の伝播
3・2・1 関数による誤差の伝播

一般に，一連の計測を通じて最終的に得たいのは，一つまたは複数の測定量の関数である．たとえば，長方形の縦の長さ l と横幅 w を計測すれば，周囲の長さ $C=2(l+w)$ と面積 $A=lw$ の値はいずれも l と w の（簡単な）関数で計算できる．l と w の**偏差**（deviation）[*1] は互いに独立であり，それぞれの**標準誤差**（standard uncertainty）[*2] を Δl および Δw とすると，C と A の標準誤差はどのような値になるだろうか．また，平衡反応の標準ギブズエネルギー変化 $\Delta G°$ の値を平衡定数 K の測定値から求めようとすれば，それらの間の関係はさらに複雑である．

$$\Delta G° = -RT \ln K \tag{3・1}$$

ここで，R は気体定数，T は絶対温度である．K の標準誤差が与えられたとき，$\Delta G°$ の標準誤差はいくらになるだろうか．つぎに，二量(体)化反応 $2A \rightleftharpoons A_2$ の平衡定数 K を濃度 $[A]$ と $[A_2]$ の測定値から次式を用いて求めよう．

$$K = \frac{[A_2]}{[A]^2} \tag{3・2}$$

[*1] 訳注：個々の測定値から平均値を引いた値．
[*2] 訳注：標準偏差を用いて表した測定結果あるいは計算結果の不確かさのこと．標準誤差については，§4・2を参照せよ．

[A]と[A$_2$]それぞれの偏差が互いに独立であるとして，K の標準誤差は [A] と [A$_2$] の標準誤差からどのようにして求めることができるだろうか．また，偏差が互いに独立ではない場合，たとえば全濃度 [A]+2[A$_2$] と [A$_2$] がそれぞれ独立に測定できる場合には*，その二つの測定値の標準誤差を用いて，K の標準誤差はどのように表すことができるだろうか．

ここで必要になるのが，誤差の伝播という考え方である．鍵になるのは，微分であり，x の標準誤差が σ_x のとき，$f(x)$ の標準誤差 σ_f は次式で与えられる．

$$\sigma_f = \left| \frac{df}{dx} \right| \sigma_x \tag{3・3}$$

例

(3・1)式の例で考えてみよう．$T=300\,\mathrm{K}$ で測定値 $K=305\pm5$ が得られ，これより $\Delta G°=14.268\,\mathrm{kJ/mol}$ となる．ここで，ΔG の標準誤差 $\sigma_{\Delta G}$ は $(RT/K)\sigma_K=41\,\mathrm{J/mol}$ になるので，$\Delta G°=14.27\pm0.04\,\mathrm{kJ/mol}$ と書くことができる．

3・2・2 独立な項の組合わせ

二つの変数の足し算のように計算結果の誤差が二つまたはそれ以上の測定値の誤差の組合わせで生じる場合，それぞれの誤差を適切に組合わせる必要がある．標準誤差を単純に足しただけでは正しくない．互いに独立な測定値がもつ偏差は＋の場合も－の場合もあり，足し合わせただけでは多かれ少なかれ相殺し合うからである．誤差の正しい組合わせ方は，個々の誤差の二乗の和の平方根をとることである．これは標準偏差 σ にも当てはまって，

$$f = x+y \quad \text{ならば} \quad \sigma_f^2 = \sigma_x^2 + \sigma_y^2 \tag{3・4}$$

となる．すなわち，互いに独立な誤差の組合わせ方の基本は，二乗して足し合わせることである．このようになる理由は，p.141 の第II部 A1 で説明してある．一般化すると，f が $x,y,z,\cdots$ の関数であるとき，次式のようになる．

$$\sigma_f^2 = \left(\frac{\partial f}{\partial x} \right)^2 \sigma_x^2 + \left(\frac{\partial f}{\partial y} \right)^2 \sigma_y^2 + \cdots \tag{3・5}$$

---

* 訳注：反応の初期状態が A だけから成っているとすれば，二量化反応に要した A の量である 2[A$_2$] と残存する A の量 [A] の和 [A]+2[A$_2$] は，単位体積当たりで考えて常に初期の A の量に等しい．

(3・5)式から直ちに，足し算，引き算では**絶対誤差**（absolute uncertainty）について二乗の和をとり，一方，掛け算，割り算の場合には，**相対誤差**（relative uncertainty）について二乗の和をとればよいことがわかる*．(3・5)式の例を表3・1に示す．いずれも変数が互いに独立な場合に成り立つ．

表3・1 量の組合わせ，すなわち関数における標準誤差の伝播

$f=x+y$ または $f=x-y$	$\sigma_f^2=\sigma_x^2+\sigma_y^2$
$f=xy$ または $f=x/y$	$(\sigma_f/f)^2=(\sigma_x/x)^2+(\sigma_y/y)^2$
$f=xy^n$ または $f=x/y^n$	$(\sigma_f/f)^2=(\sigma_x/x)^2+n^2(\sigma_y/y)^2$
$f=\ln x$	$\sigma_f=\sigma_x/x$
$f=e^x$	$\sigma_f=f\sigma_x$

例 1

(3・2)式の例を取上げよう．[A]と[A$_2$]の偏差が互いに独立な場合，$K=[A_2]/[A]^2$ の標準偏差はいくらになるだろうか．表3・1の x/y^n の場合の規則から次式が得られる．

$$\left(\frac{\sigma_K}{K}\right)^2=\left(\frac{\sigma_{[A_2]}}{[A_2]}\right)^2+4\left(\frac{\sigma_{[A]}}{[A]}\right)^2$$

測定値が [A$_2$]=0.010±0.001 mol/L および [A]=0.100±0.004 mol/L のとき，K の標準偏差 σ_K に基づく相対（標準）誤差 σ_K/K は $\sqrt{0.1^2+4\times0.04^2}=0.13$ であるから，$K=1.0\pm0.1$ L/mol となる．

例 2

(3・2)式の例をもう一つ取上げよう．全濃度 [A]+2[A$_2$] と [A$_2$] の偏差が独立ならば，K の標準偏差はいくらになるだろうか．まず，次式のように変数に名前をつけよう．

$$x=[A]+2[A_2],\qquad y=[A_2]$$

すると，

$$K=\frac{y}{(x-2y)^2}$$

そこで，(3・5)式の一般化した規則を当てはめると，次式のようになる．

---

* 訳注：f が x と y による2変数関数の場合を例に，実際に(3・5)式の偏導関数を計算すれば，容易に導くことができる．

$$\sigma_K{}^2 = (x-2y)^{-6}\{4y^2\sigma_x{}^2 + (x+2y)^2\sigma_y{}^2\}$$

濃度の測定結果は，二量体の濃度が$y=0.010\pm0.001$ mol/L，A の総量が$x=0.120\pm0.005$ mol/L とする．このとき，K の分散は次式で与えられる．

$$\sigma_K{}^2 = 400\sigma_x{}^2 + 19600\sigma_y{}^2 = 0.030$$

したがって，標準偏差は$\sqrt{0.030}=0.17$ となり，答えは$K=1.0\pm0.2$ mol/L となる．

3・2・3 独立でない項の組合わせ：共分散

誤差が互いに独立でない場合，x と y の間の**共分散**（covariance）を考える必要がある（詳細は第II部 A1 を参照せよ）．

$$\sigma_f{}^2 = \left(\frac{\partial f}{\partial x}\right)^2\sigma_x{}^2 + \left(\frac{\partial f}{\partial y}\right)^2\sigma_y{}^2 + 2\frac{\partial f}{\partial x}\frac{\partial f}{\partial y}\,\mathrm{cov}(x,y) + \cdots \qquad (3\cdot6)$$

ここで，$\mathrm{cov}(x,y)$ は x と y の間の共分散である．

3・2・4 測定値のランダムな偏移に起因する系統誤差

x に誤差が含まれる領域で関数 $f(x)$ の曲率（つまり 2 次導関数）がゼロでなければ，f には系統誤差が生じる．このとき，期待値 $E[f(x)]$*は $f(E[x])$ に等しくはならないが，実用上大きな影響はないのがふつうである．詳細については p.144 の第II部 A2 を参照されたい．

3・2・5 モンテカルロ法

結果とその影響因子との間に，はっきりした関係を見いだせない場合がしばしばある．たとえば，気温，大気圧，大気組成などを何度も繰返し測定したうえで，予報モデルを使って明日の天気を予測することを考えてみよう．入力データの不確かさがわかっていれば，予報の誤差はどれくらいになるだろうか．決定論的モデル（その反対が，確率論的モデル）では，入力データと結果の間にある関数を考えるが，その関数は複雑であり変数が間接的に影響し合うことも多い．そのため，誤差の伝播の様子は，個々の入力データの変化に対して，結果がどれほど影響されるのかによって変わってくる．

そこで，コンピューターの出番となる．入力パラメーターの数が比較的少なけれ

---

* 訳注：§4・2参照．

ば，(3・6)式で必要になる導関数の値は，それぞれの入力パラメーターの値をわずかに（望ましくは，増減の両方向で）変化させて得ることができる．入力データの数が多くなると，この方法ではうまくいかない．結果の誤差を見積るには，（何らかの既知の）誤差分布からランダムに選んだ入力データをさまざまに組合わせてやってみるしかない．コンピューターで計算した出力値は，求める誤差分布から抽出した標本になっている．こうした作業を乱数によって行う手法があり，一般に**モンテカルロ法**＊とよばれている．

簡単な例で説明しよう．次式のような溶液中の会合反応の平衡定数を求めたい．

$$A + B \rightleftharpoons AB$$

まず，5.0±0.2 mmol の物質 A を 100±1 mL の溶媒に溶かし，10.0±0.2 mmol の物質 B を 100±1 mL の溶媒に溶かす．つぎに，二つの溶液を混ぜ合わせて，会合体 AB の濃度 x を分光学的な方法で測定したところ（AB は A や B とは異なるスペクトル領域に吸収をもつとする），$x=5.00±0.35$ mmol/L とわかった．ここに示した不確かさは，正規分布を仮定したときの標準偏差である．平衡定数 K の値とその標準誤差はいくらになるだろうか．

平衡定数は，以下の式で与えられる．

$$K = \frac{[AB]}{[A][B]} \tag{3・7}$$

ここで，たとえば [A] は A の濃度を表している．よって，

$$K = \frac{x}{\{a/(V_1 + V_2) - x\}\{b/(V_1 + V_2) - x\}} \tag{3・8}$$

ここでは，a ははじめに体積 V_1 の溶液に溶けていた A の量，b は体積 V_2 の溶液に溶けていた B の量，また x は測定された AB の濃度である．もちろん，(3・5)式を利用する標準的な方法でも，測定データから K とその誤差を決定するのは十分可能である．しかし，モンテカルロ法を用いればもっと容易に求めることができる．それには，入力変数 a, b, V_1, V_2, x について，それぞれに平均と標準偏差を与え，

＊ モンテカルロ法はさまざまな分野で利用されており，特に統計学や統計力学，数学などの分野では多重定積分を計算するために使われている．この手法は，多次元分布から抽出した標本を生成するために使われる．あらかじめ当たりをつけた領域内でランダムに1ステップ進んだ後，それが受容できるか棄却すべきかを調べて効果的な探索をする方法がよく用いられる．詳細については，Hammersley and Handscomb (1964) を，また分子シミュレーションへの応用に関しては Frenkel and Smit (2002) を参照せよ．

それに基づいて大きな数である n 個（たとえば，$n=1000$）の正規分布した入力値を発生させ，それをおのおの長さ n の配列に格納する．これらの配列に対して (3・8)式を適用すれば，出力の K は，K の確率分布を反映した標本の配列となる．実際にやってみると，つぎのような結果が得られる．

$$K = 5.6 \pm 0.6 \, \text{L/mol} \qquad (3 \cdot 9)$$

縦軸を確率スケール（確率尺度）として，K の累積分布を図3・1に示す（確率スケールでは，正規分布は直線となる．詳細は，§4・5・3を参照）．分布の様子は，μ を平均，σ を標準偏差として $\mu \pm \sigma$ の範囲で正規分布にきわめて近いが，$\mu \pm 2\sigma$ の外側では正規分布からずれが生じている．これは，K と入力データとの間の非線形な関係に起因している．モンテカルロ法の長所は，非線形性に起因して確率分布にこうしたゆがみや系統誤差が生じることを容易に示せることである．この系統誤差に関しては，入力データから直接計算された K の値と確率分布の平均との違いとしてグラフから読み取ることができる．

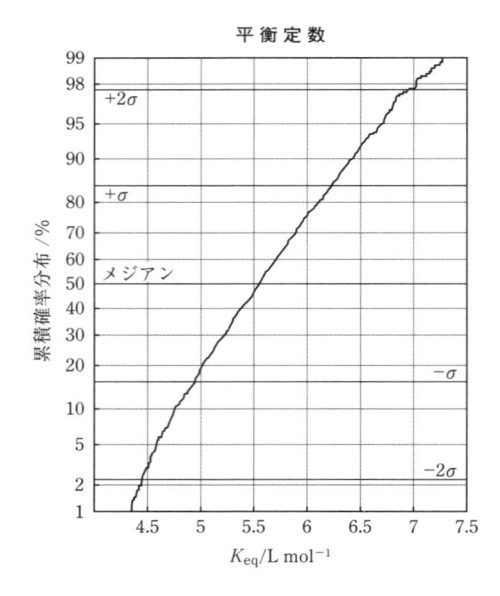

図 3・1 (3・8)式に関してモンテカルロ法によって得られた 1000 点の標本から成る累積確率分布関数

⇒ この例で，モンテカルロ法による標本とグラフを得るには，p.179 の **Python コード 3・1** を参照のこと．

第3章のまとめ

この章では，系統誤差と偶然誤差の違いについて学んだ．後者は，結果の不確かさを生じさせる．偶然誤差は，足し算および引き算では二乗の和として得られる（つまり，結果の不確かさは二乗和の平方根に等しい）．一方，掛け算および割り算では，二乗和で得られるのは相対偶然誤差である．これ以外の関数については，表 3·1 に例を示した．一般に，(3·3)，(3·5)式のように，関数 $f(x)$ のなかで x の誤差は導関数 $\partial f/\partial x$ との掛け算を通じて伝播する．入力データの誤差に相関があるときは，共分散が意味をもつ．関数関係の非線形性が強いときは，偶然誤差は系統誤差を生じることがある．複雑な関数で誤差の伝播を調べるには，適切な確率分布から入力パラメーターをランダムに抽出して，結果に関する多数の標本を生成させるモンテカルロ法が便利である．

練習問題

3·1 以下の計算の結果を，標準偏差をつけて示せ．標準偏差は ± の数値で与えられており，それらは互いに独立である．

a) $15.000/(5.0\pm0.1)$

b) $(30.0\pm0.9)/(5.0\pm0.2)$

c) $\log_{10}(1000\pm2)$

d) $(20.0\pm0.3)\exp[-(2.00\pm0.01)]$

3·2 ある1次反応の半減期 $\tau_{1/2}$ を四つの異なる温度で測定した．温度の値には十分な精度があり，$\tau_{1/2}$ の標準誤差は以下のようになった．

温度 /℃	半減期 $\tau_{1/2}$/s
510	2000±100
540	600±40
570	240±20
600	1.6±10

温度ごとに，反応速度定数 k の値とその標準誤差，および $\ln k$ とその標準誤差を求めよ．また，k の単位は何か．つぎに，絶対温度の逆数に対して $\ln k$ をエラーバーつきでプロットせよ．さらに，適切なエラーバーをつけた k を絶対温度の逆数に対して対数目盛でプロットせよ．二つのプ

ロットを比較せよ．

3・3 長さ l の振り子の振動周期 T を測定して，重力加速度 g の値を求めたい．g の値は以下の式から求められる．
$$g = 4\pi^2 l/T^2$$
測定値は，$T=2.007\pm0.002$ s および $l=1.000\pm0.002$ m である．g の値とその標準誤差を求めよ．

3・4 反応のギブズ活性化エネルギー $\Delta G^{\ddagger}$ は，反応速度定数 k からつぎのアイリングの関係式を使って求められる．
$$k = (k_{\mathrm{B}}T/h)\exp(-\Delta G^{\ddagger}/RT)$$
ここで，k_{B} はボルツマン定数，h はプランク定数，R は気体定数である（p.219 のデータシート "物理定数" の項を参照するか，Python モジュール *physcon.py* を使うとよい）．

a) 反応速度定数 k が 10% の誤差を含むとき，$\Delta G^{\ddagger}$ の誤差は最終的にいくらになるか．

b) 温度の誤差はどのように $\Delta G^{\ddagger}$ へ伝播していくか，説明せよ．

c) $\Delta G^{\ddagger}=30$ kJ/mol および $T=300$ K のとき，温度が 5 ℃ の誤差をもてば $\Delta G^{\ddagger}$ に含まれる誤差はどの程度の大きさになるか．

3・5 球の半径に関して，平均 1.0 mm，標準偏差 0.1 mm の正規分布から 1000 個の標本を生成し，それを用いて球の体積を求めよ．体積分布の平均と半径 1.0 mm の球の体積とを比較し，この体積分布にバイアスが掛かっているか検討せよ．さらに，そのバイアスの強弱についても検討せよ．体積に関する累積分布を確率スケールでプロットせよ（この問題は，p.144 の第 II 部 A2 と関連する）．

4

確 率 分 布

　測定値とは，結局のところ確率分布から無作為に抽出した標本である．実験結果の精度を判断するには，背後に潜んでいる確率分布について知る必要がある．この章では，確率分布の特性値について学び，いくつかの代表的な確率分布について詳しく説明する．なかでも最も重要なのは，正規分布である．周囲からさまざまな影響をランダムに受けた結果として，測定値の分布は正規分布に近づいていく．中心極限定理によれば確かにその通りだが，正規分布の重要性はそれだけが理由ではない．

4・1 はじめに

　ある量 x の測定値 x_i は，x の**確率分布**（probability distribution）$p(x)$ から無作為に抽出した標本と考えることができる．したがって，測定値に含まれるランダムな偏差を解析するためには，背後の確率分布について知っている必要がある．

　x が $x=k, k=1,\cdots,n$ のように離散的な値だけをとるならば，$p(k)$ は離散確率分布となり，その値は標本が k という値をとる確率である．離散確率分布は，**確率質量関数**（probability mass function, pmf）ともよばれる．一方，x が連続変数の場合は $p(x)$ も x の連続な関数となり，**確率密度関数**（probability density function, pdf）とよばれる．この場合，ある標本 x_i が区間 $(x, x+\mathrm{d}x)$ に存在する確率は $p(x)\mathrm{d}x$ に等しい．

　確率密度関数（確率質量関数の場合も同様）は，任意変数がとりうる値の領域で定義される．これらの関数の値は，正の実数またはゼロである．また，定義された領域で積分すると（離散分布の場合は総和をとる），その値は 1 になる．これを，

pdf および pmf はそれぞれ**規格化**されているという．一般に，pdf は多次元関数で，一つまたは複数の変数をもつ関数である．**結合確率密度関数**（**結合 pdf**, joint pdf）$p(x,y)$ とは，標本 x_i が区間 $(x, x+\mathrm{d}x)$ にあり，かつ標本 y_i が区間 $(y, y+\mathrm{d}y)$ にある確率が $p(x,y)\mathrm{d}x\,\mathrm{d}y$ で与えられることをいう．$p(x,y)$ を，一方の変数，たとえば y について積分したものを，x の**周辺確率密度関数**（**周辺 pdf**, marginal pdf）という．これに $\mathrm{d}x$ を掛ければ，y の値に無関係に区間 $(x, x+\mathrm{d}x)$ で x_i を見いだす確率となる．制約条件がある場合にも，確率を定義することができる．たとえば，$p(x|y)$ は y の値が与えられたときに，x を見いだす**条件つき確率**（conditional probability）である．条件つき確率が意味をもつのは，x と y の間に何らかの関係があるときだけである．x と y が互いに独立ならば，$p(x|y)$ は明らかに y に依存しない．つまり，

$$p(x|y) = p(x) \qquad (x, y\text{は互いに独立}) \qquad (4\cdot1)$$

である．また，つぎの関係が成立する．

$$p(x,y) = p(x)\,p(y|x) = p(y)\,p(x|y) \qquad (4\cdot2)$$

$$p(x,y) = p(x)\,p(y) \qquad (x, y\text{は互いに独立}) \qquad (4\cdot3)$$

ここで，$p(x)$ および $p(y)$ は周辺 pdf である．

$$p(x) = \int p(x,y)\mathrm{d}y \qquad (4\cdot4)$$

$$p(y) = \int p(x,y)\mathrm{d}x \qquad (4\cdot5)$$

これらの積分は，それぞれ変数 y および x がとりうる値の全領域で実行する．

1 次元および 2 次元の確率関数の性質については，データシートの p.221，確率分布の項にまとめてある．

この章では，二項分布，ポアソン分布，正規分布など，代表的な 1 次元確率分布について説明する．前の二つは離散分布であり，三つ目は連続分布である．次章では，一連の測定値が得られたときに，背後の確率分布に関するさまざまな特性値の最良推定値の求め方について検討する．確率分布そのものを正確に求めたいと思っても，無限個の標本を必要とするので，実際には不可能である．

以下では，確率密度関数を表す記号として，$p(x)$ の代わりに $f(x)$ を用いることにする．その理由は，標本が何らかの統計的なプロセスに基づいて発生するものとして，その発生頻度に基づいてこの章で扱う確率関数が定義されるからである．これは，確率 $p(x)$ の一般的な理解の仕方，つまり，手元にあるすべての情報から判断して最も合理的に予測されるとか，きっとそうであるに違いないといった判断の

程度に基づく確率という考え方とは異なっている．この点については，第8章でさらに詳しく述べる．

4・2 確率分布に関するさまざまな特性値
4・2・1 規 格 化
連続的な確率密度関数 $f(x)$ にしろ，離散的な確率質量関数 $f(k)$ にしろ，いずれも規格化されており，すべての確率を（標本がとりうる領域*で）足し合わせると1になる．

$$\int_{-\infty}^{\infty} f(x)\mathrm{d}x = 1 \qquad (4\cdot 6)$$

$$\sum_{k=1}^{n} f(k) = 1 \qquad (4\cdot 7)$$

連続確率密度関数 $f(x)$ に関しては，x のとりうる値は区間 $\langle -\infty, +\infty \rangle$ のすべての実数であると仮定したが，これとは異なり，$[0,1]$ や $[0,+\infty\rangle$ などの領域で定義された確率密度関数も存在する．確率は負の値をとることはないので，$f(x) \geq 0$ および $f(k) \geq 0$ である．

4・2・2 期待値，平均，分散
確率密度関数 $f(x)$ に対して，x の関数 $g(x)$ の**期待値**（expectation あるいは expected value）$E[g]$ は，

$$E[g] = \int_{-\infty}^{\infty} g(x) f(x) \mathrm{d}x \qquad (4\cdot 8)$$

と定義される．離散分布の場合には，

$$E[g] = \sum_{k=1}^{n} g(k) f(k) \qquad (4\cdot 9)$$

となる．ここで，$E[\ ]$ は E が**汎関数**（functional），つまり関数を変数とする関数であることを意味している．x の**平均**（mean）は一般に μ と表記する．これは，

---
* **領域**（domain）とは，k または x のとりうる値の集合のことをさす．それに対して，標本の**範囲**（range）とは，データ集合の最大値と最小値の差のことである．また**区間** (interval) とは，下限と上限の間にある値の集合である．区間に下限または上限が含まれる場合には，$[,]$ を使って表し，含まれない場合には $\langle, \rangle$ を使って表す．特に区別を必要としない場合には，小カッコ $(,)$ が使われることもある．

確率密度関数に対する x そのものの期待値に等しい．すなわち，

$$\mu = E[x] = \int_{-\infty}^{\infty} x f(x) \mathrm{d}x \qquad (4 \cdot 10)$$

である．離散分布の場合には，以下のようになる．

$$\mu = E[k] = \sum_{k=1}^{n} k f(k) \qquad (4 \cdot 11)$$

確率分布の**分散**（variance）σ^2 とは，平均（mean）からの偏差の二乗の期待値のことである．

$$\sigma^2 = E[(x-\mu)^2] = \int_{-\infty}^{\infty} (x-\mu)^2 f(x) \mathrm{d}x \qquad (4 \cdot 12)$$

離散分布の場合には，次式で与えられる．

$$\sigma^2 = E[(k-\mu)^2] = \sum_{k=1}^{n} (k-\mu)^2 f(k) \qquad (4 \cdot 13)$$

σ^2 の平方根を**標準偏差**（standard deviation）σ とよぶ．標準偏差はまた，**根平均二乗偏差**（**rms 偏差**, root-mean-squared deviation）ともいう．実験結果の誤差分布の標準偏差は，**標準不確かさ**（standard uncertainty），**標準誤差**（standard error），あるいは **rms 誤差**（rms error）ともよぶ．

4・2・3 モーメントと中心モーメント

標準偏差と分散は，確率分布の特徴を表す最も重要な代表値であり，それぞれ分布の 1 次および 2 次の**モーメント**（moment）に関係づけられる．分布の n 次のモーメント μ_n は，次式で定義する．

$$\mu_n = E[x^n] \qquad (4 \cdot 14)$$

しかし，分布の平均（mean）を基準として定義された**中心モーメント**（central moment）の方が有用な場合が多い．n 次の中心モーメント μ_n^c は以下のように与えられる．

$$\mu_n^c = E[(x-\mu)^n] \qquad (4 \cdot 15)$$

2 次の中心モーメントが分散である．σ^3 を単位として表される 3 次の中心モーメントを**歪度**（skewness）とよび，σ^4 を単位とする 4 次の中心モーメントを**尖度**（kurtosis）とよぶ．正規分布の尖度は 3（§4・5 を参照）となるので，正規分布の尖度からのずれとして**過剰尖度**（excess）を定義する*．

＊　これを尖度あるいは尖度係数とよぶ教科書もある．

4・2 確率分布に関するさまざまな特性値

$$歪度 = E[(x-\mu)^3/\sigma^3] \qquad (4\cdot16)$$

$$尖度 = E[(x-\mu)^4/\sigma^4] \qquad (4\cdot17)$$

$$過剰尖度 = 尖度 - 3 \qquad (4\cdot18)$$

4・2・4 累積分布関数

累積分布関数 (cumulative distribution function, cdf) $F(x)$ は，x を超えない確率のことをさす．

$$F(x) = \int_{-\infty}^{x} f(x)\mathrm{d}x \qquad (4\cdot19)$$

離散分布では，

$$F(k) = \sum_{l=1}^{k} f(l) \qquad (4\cdot20)$$

となる．ここで，$f(k)$ の値は累積和 $F(k)$ に含まれることに注意したい．関数 $1-F(x)$ は，**生存関数** (survival function, sf) とよばれ，x を超える確率を意味している．

$$sf(x) = 1 - F(x) = \int_{x}^{\infty} f(x)\mathrm{d}x \qquad (4\cdot21)$$

また，離散分布では，次式で与えられる．

$$sf(k) = 1 - F(k) = \sum_{l=k+1}^{n} f(l) \qquad (4\cdot22)$$

これらの定義から明らかなように，

$$f(x) = \frac{\mathrm{d}F(x)}{\mathrm{d}x} \qquad (4\cdot23)$$

$$f(k) = F(k) - F(k-1) \qquad (4\cdot24)$$

となる．関数 F は，単調に増加して，区間 $[0,1]$ の値をとる．累積分布関数 F とその逆関数 F^{-1} は，**信頼区間** (confidence interval) や**信頼限界** (confidence limit) を求めるうえで必要である．たとえば，x が $x_1 = F^{-1}(0.25)$ と $x_2 = F^{-1}(0.75)$ の間にある確率は，$F(x_1)=0.25$ および $F(x_2)=0.75$ から 50% となる．確率 1% を残す x の値は，$F^{-1}(0.99)$，つまり $F(x)=0.99$ に等しい．$F^{-1}(0.5)$ つまり $F(x)=0.5$ となる x の値はメジアン（中央値）である．また，$F^{-1}(0.25)$ は第 1 四分位数，$F^{-1}(0.75)$ は第 3 四分位数である．十分位数や百分位数（パーセンタイル）についても，同様に定義することができる．$F(x)=q^{-1}$ となる x は，q 分位数である．

4・2・5 特性関数

確率密度関数 $f(x)$ は,以下に定義する**特性関数** (characteristic function) $\Phi(t)$ と関連づけられる.

$$\Phi(t) \stackrel{\text{def}}{=} E[\mathrm{e}^{itx}] = \int_{-\infty}^{\infty} \mathrm{e}^{itx} f(x) \mathrm{d}x \qquad (4\cdot25)$$

特性関数は,確率密度関数を数学的に解析するうえで有用である.たとえば,t で級数展開したものは分布のモーメントを与える.しかし,通常の統計データ処理では,特性関数が必要となることはない.フーリエ変換の知識がある読者は,p.147 の第II部 A3 を参照するとよい.

4・2・6 用語について

確率分布という言葉は,しばしば離散的あるいは連続的な確率関数一般を意味するものとして使われる.しかしながら,分布関数という用語が,連続確率密度関数 $f(x)$ あるいは離散確率質量関数 $f(k)$ ではなく,累積分布関数 $F(x)$ のことをさすために使われることがある.混乱を避けるには,"累積"という限定語をつけて使うとよい.確率密度関数のことをさしたいときは,確率分布ではなく確率密度関数とはっきり言うべきである.

4・2・7 分布関数の数値

統計数値表には,密度関数と累積関数の両方が示されているのがふつうである.そうした例は,Beyer(1991), Abramowitz and Stegun(1964), CRC 化学・物理学ハンドブック (毎年刊) などの書籍で見ることができる.しかし,ソフトウェアパッケージを利用する方が,簡便で正確である.Python 拡張モジュールの SciPy では,80 以上の連続分布,12 の離散分布を含む統計パッケージ "stats" を利用することができ,それぞれの分布に関して,確率密度関数 (pdf) や累積分布関数 (cdf), 生存関数 (sf), パーセント点関数 (ppf; cdf の逆数に相当), 逆生存関数 (isf) をよび出すことができる.また,ランダム変量 (rvs) や一般的な統計学的特性値についても求めることができる.

4・3 二項分布

4・3・1 定義といくつかの性質

結果が2通り (0と1, 真と偽など) しかない量を測定して,1 (あるいは真) と

なる確率が各回とも p であれば，n 回の測定のうちちょうど k 回が 1 となる確率 $f(k;n)$ は次式で与えられる．

$$f(k;n) = \binom{n}{k} p^k (1-p)^{n-k} \qquad (4 \cdot 26)$$

ここで，

$$\binom{n}{k} = \frac{n!}{k!(n-k)!} \qquad (4 \cdot 27)$$

は**二項係数**（binominal coefficient）であり，n 個の中から k 個を選ぶ選び方の数を意味している．二つの中から確率 p でどちらか一つを選ぶランダムなプロセスを**ベルヌーイ試行**（Bernouilli trial）という．**二項分布**（binominal distribution）の重要な性質には，以下のようなものがある．

$$\text{平　均}: \mu = E[k] = pn \qquad (4 \cdot 28)$$
$$\text{分　散}: \sigma^2 = E[(k-\mu)^2] = p(1-p)n \qquad (4 \cdot 29)$$
$$\text{標準偏差}: \sigma = \sqrt{p(1-p)n} \qquad (4 \cdot 30)$$

これらの導き方は，第Ⅱ部 A4 に示した．

4・3・2　観測回数に比例する分散

分散は，観測回数 n（**標本サイズ**，sample size）に比例する．したがって，標本サイズが異なる二つの標準誤差を比較すると，その比は相対的に標本サイズの比の平方根に反比例する．これはざっと見積るときに大いに役立つ規則であり，ぜひ覚えておくとよい．たとえば，標本サイズが 100 倍になれば，誤差は相対的に 10 分の 1 になる．精度の高い結果を得たければ，頑張って実験を繰返すことである．

出現確率 p が小さいとき，標準偏差は，出現回数の平均 pn の平方根にほぼ等しくなることに注意しよう．めったに起こらない事象が 100 回起こったとすると，起こった回数の標準偏差は 10，つまり全体の 10% になる．また，1000 回起これば，その標準偏差は 32，つまり全体の 3.2% という具合である．精度を 10 倍にしようと思えば，測定時間を今の 100 倍にしなければいけない．

例

ここでは，二項分布についていくつかの例を取上げる．図 4・1 は，コインを投上げるごとに表がでる確率は 0.5 と仮定して，コインを 10 回投上げて表が k 回でる確率を表している．図 4・2 は，仕掛けをしていないサイコロを 60 回振って，6

の目が k 回でる確率を示したものである．試行回数が多くなれば分布の様子は対称な形に近づくことがわかる．しかも，ある事象が1回起こる確率が0.5から大きく外れている場合でも同様である．

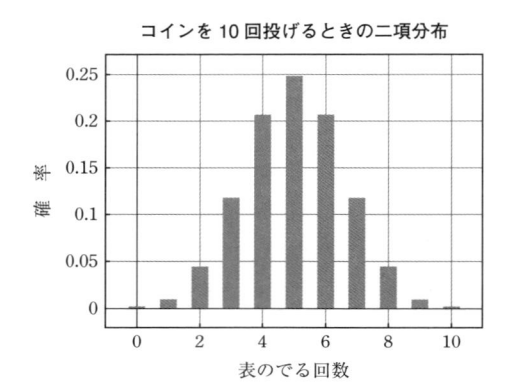

図 4・1 10回のコイン投げで表が k 回でる確率

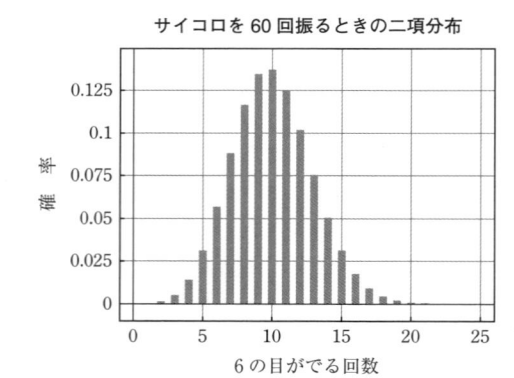

図 4・2 60回サイコロを振って，6の目が k 回でる確率

図 4・3 は，超心理学現象を調べている人たちが，テレパシーの可能性を探るために使った"超感覚的知覚（ESP）"の実験[*]に関するものである．

異なる図形を記した5種類のカードが同数ずつ含まれる"ゼナーカード"（四角，丸，十字，星，波といった単純な図形が描いてある）をよくシャッフルして，その中から順に1枚ずつカードを引き，テレパシーの送り手はしばらくの間，引いた

---

[*] 実験結果が肯定的だとあえて判定するには，きわめて高い信頼水準が絶対に必要とふつうの科学者ならば主張する場面であろう．案の定，これまでに実験をした人たちはみな，統計学の罠にはまってしまったようだ．Gardner(1957) を参照してみるとよい．

カードの図形に意識を集中する．一方，テレパシーの受け手は，カードを見ずに，そのカードがどの種類のものだったと思うかを書き留める．1回の実験では，ふつう 25 枚のカードを使う．テレパシーが存在しないと仮定すれば，カードの図形を正しく当てる確率は 0.2 であり，平均して 5 枚のカードを正しく当てるものと考えられる．このとき，k 枚より多くのカードを正しく当てる確率は二項生存関数（sf）であり，これは 1 から累積分布関数（cdf）を引いたものに等しい．ここで，cdf および sf は，

$$\text{cdf:} \quad F(x)\text{: Prob}\{k \leq x\} = F(x) \qquad (4\cdot 31)$$

$$\text{sf:} \quad 1 - F(x)\text{: Prob}\{k > x\} = 1 - F(x) \qquad (4\cdot 32)$$

と表すことができる．いくつかの k に対する生存関数の値を表 4・1 と図 4・3 に示した．

表 4・1 25 枚のゼナーカードのうち，k 枚以上を正しく当てる確率を与える二項生存関数 $1-F(k)$

$\geq (k+1)$	$> k$	生存率 $1-F(k)$
12	11	0.001 540
11	10	0.005 555
10	9	0.017 332
9	8	0.046 774
8	7	0.109 123
7	6	0.219 965

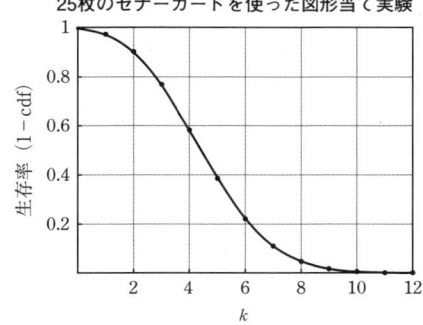

図 4・3 25 回のカード当てのうち k 枚以上当たる確率が "生存率"．異なる 5 種類のカードの中から無作為に引くものとする．

→ この節ででてきた関数やグラフを描くには，p.180 の **Python コード 4・1** を参照せよ．

4・3・3 二項分布から多項分布へ

二つから一つを選ぶのではなく,m 個の可能性のなかから無作為に一つを選ぶ場合には,多項分布の統計学を扱うことになる.たとえば,ある選挙で候補者を立てている五つの政党のうち,どの政党に投票するのかを尋ねる世論調査はその一例である.また,タンパク質に含まれる特定のアミノ酸配列がとる構造は,α ヘリックス,β シート,あるいはランダムコイルのうちのいずれかとなることや,ランダムな値をとる変数をその値によって n 個の仕分け箱に振り分けることも,同様に扱うことができる.多項分布の詳細については,第Ⅱ部 A4 に示した.

4・4 ポアソン分布*

一つ,二つと数を数える事象を扱う場合は,**ポアソン分布**(Poisson distribution)が登場する.たとえば,液体の中に一様に分散した小さな物体(たとえば,顕微鏡下で見る細菌,湖の一定体積中にいる魚など)の数や,単光子計測装置を使って一定時間 Δt の間に検出された光子の数,あるいは不安定核種の崩壊に伴って一定時間に放出されるガンマ線の光子数などを数える場合である.

ある事象の起こる回数の平均が μ だとして,その事象がちょうど k 回起こる確率 $f(k)$ は次式のポアソン分布で与えられる.

$$f(k) = \mu^k e^{-\mu}/k! \qquad (4・33)$$

ポアソン分布は,二項分布で $p \to 0$ の極限に相当する.また,k が大きくなると,ポアソン分布は正規分布に漸近する.詳細については,第Ⅱ部 A4 に示した.

ポアソン質量分布は規格化されている.その平均と分散は,以下のとおりである.

$$E[k] = \mu \qquad (4・34)$$
$$\sigma^2 = E[(k-\mu)^2] = \mu \qquad (4・35)$$

ポアソン分布の最も重要な性質は,標準偏差 σ が平均 μ の平方根に等しいことである.たとえば,光子数の計数結果が 10 000 個だとすると,その標準偏差は 100 となり,不確かさは 1% である.事象の起こる回数が十分大きいとき(たとえば,>20),ポアソン分布は平均が μ,標準偏差が $\sqrt{\mu}$ の正規分布にほぼ一致する.

図 4・4 は,平均 μ が 3 のとき,事象がちょうど k 回起こる確率 $f(k)$ を表して

---

* 訳注:フランス語の発音としては"プワッソン"に近いが,和文ではポワソンではなく,ポアソンと表記するのが通例である.

いる．具体例を示すと，1日に平均3人の急患を受入れる救急病院では，患者は無作為にやってくるとして，ある1日にk人の患者がやってくる確率が$f(k)$となる．練習問題4・6を参照せよ．

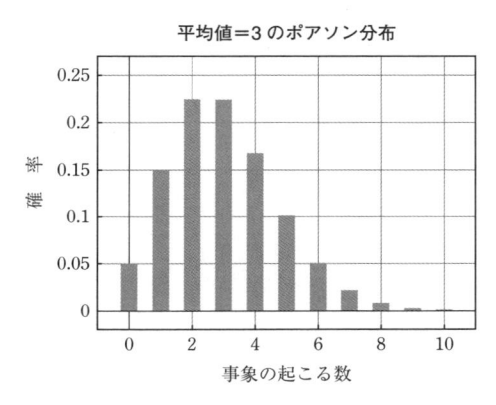

図4・4 ある事象が一定時間当たり平均して3回ランダムに起こるとして，その事象が同じ一定時間の間にちょうどk回起こる確率

4・5 正規分布

p.215にあるデータシートの正規分布の項を参照されたい．

4・5・1 ガウス関数

正規分布の確率密度関数は，数学的には以下の**ガウス関数**（Gauss function）として知られている．

$$f(x) = \frac{1}{\sigma\sqrt{2\pi}} \exp\left[-\frac{(x-\mu)^2}{2\sigma^2}\right] \qquad (4\cdot36)$$

平均はμ，分散はσ^2，標準偏差はσである．正規分布は，通常$N(\mu,\sigma)$と表記する．ここで，

$$z = \frac{x-\mu}{\sigma} \qquad (4\cdot37)$$

と置き換えると**標準正規分布**（standardized normal distribution）が得られ，これを$N(0,1)$と表す．この分布の確率密度分布は，次式となる．

$$f(z) = \frac{1}{\sqrt{2\pi}} \exp\left[-\frac{z^2}{2}\right] \qquad (4\cdot38)$$

図 4・5 は,標準正規分布の確率密度関数のグラフである.横軸は,$z=(x-\mu)/\sigma$ と置き換えた座標を表している.したがって,横軸の目盛の 0 は $x=\mu$ に相当し,また 1 は $x=\mu+\sigma$ に対応している.■ で表した領域の面積は,x が $\mu-\sigma$ と $\mu+\sigma$ の間にある確率(積分確率)に等しい.これは累積分布関数 $F(z)$ を使って計算することができ,その確率は $F(1)-F(-1)=1-2F(-1)=0.6826$(68%)となる.

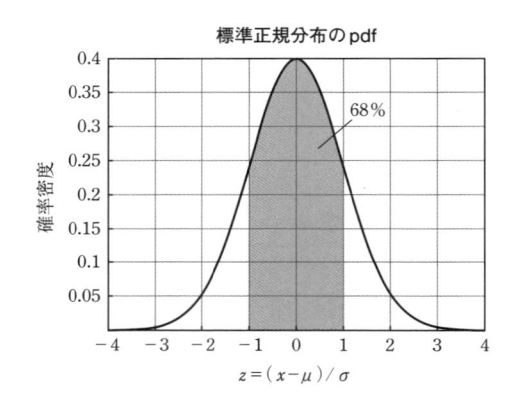

図 4・5 標準正規分布の確率密度関数 $f(z)$.ただし,$z=(x-\mu)/\sigma$.また μ は平均,σ は確率変数 x の標準偏差である.

図 4・6 は,次式で与えられる累積分布関数(cdf)を図示したものである.

$$F(z) = \int_{-\infty}^{z} f(z)\mathrm{d}z \tag{4・39}$$

この式は,正規分布から抽出した標本の値が z より大きくない確率を表している.生存関数(sf) $1-F(z)$ は,正規確率変数が z より大きい確率を表しているが,これについてもあわせて図示した.

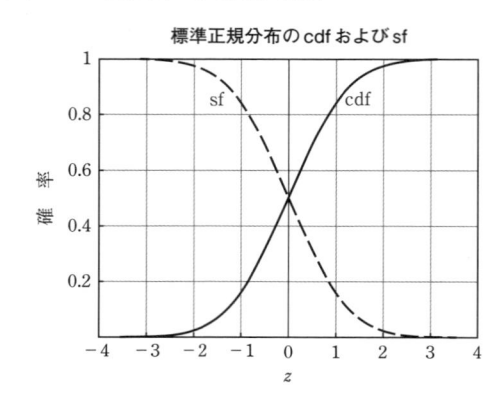

図 4・6 標準正規分布の累積確率分布関数(cdf)$F(z)$.ただし,$z=(x-\mu)/\sigma$ であり,μ は平均,σ は確率変数 x の標準偏差である.破線は,生存関数(sf)$1-F(z)$ である.

4・5・2 累積分布関数と誤差関数の関係

関数 $F(z)$ は，次式で数学的に定義された**誤差関数**（error function）erf(z) を用いて書き表すことができる*．

$$\mathrm{erf}(x) \stackrel{\mathrm{def}}{=} \frac{2}{\sqrt{\pi}} \int_0^x \exp(-t^2) \mathrm{d}t \tag{4・40}$$

誤差関数に対して，以下の**相補誤差関数**（complementary error function）erfc (x) を定義する．

$$\mathrm{erfc}(x) = 1 - \mathrm{erf}(x) \tag{4・41}$$

$F(x)$ との関係は，以下のようになる．

$$F(x) = \frac{1}{2}\mathrm{erfc}(-x/\sqrt{2}) \quad (x<0\ \text{のとき}) \tag{4・42}$$

$$= \frac{1}{2}[1 + \mathrm{erf}(x/\sqrt{2})] \quad (x \geq 0\ \text{のとき}) \tag{4・43}$$

4・5・3 確率スケール

ある分布がおおよそ正規分布かどうかを判断するには，正規分布なら直線を与えるような目盛のグラフにその分布の累積分布関数をプロットしてみるとよい．これに適した縦軸目盛をもつグラフ用紙は，市販のものが入手可能である．適当なソフトウェアがあればパソコン上でグラフ化は可能であり，わざわざグラフ用紙に手書きする必要はない．グラフ化用のプログラムパッケージである `plotsvg` を使えば，さまざまな関数と累積分布を**確率スケール**（確率尺度，probability scale）でプロットすることが可能である．本書でも，それを使って作図した多くのグラフを利用している．図4・7には，二つの正規分布 $N(6,2)$ と $N(4,1)$ を確率スケールでプロットした．もちろん，正しく直線になっているのがわかる．このグラフから平均と標準偏差の値を読み取ることが可能である．

4・5・4 有意な偏差

表4・2は，標本 x がある一定の区間に存在する確率，および x がある一定の値より大きい確率〔すなわち，生存関数 $1-F(z)$〕を示している．偏差が 2σ より大きくなることはあまりなく，3σ より大きくなるのはきわめてまれなことがわかる．

---

* たとえば，Abramowitz and Stegun(1964) を参照せよ．

したがって，実験で偏差が 3σ 以上となったときは，それがたまたま偶然に起こることはありえないと結論づけてよく，その偏差は**有意**(significant)であるといえる．

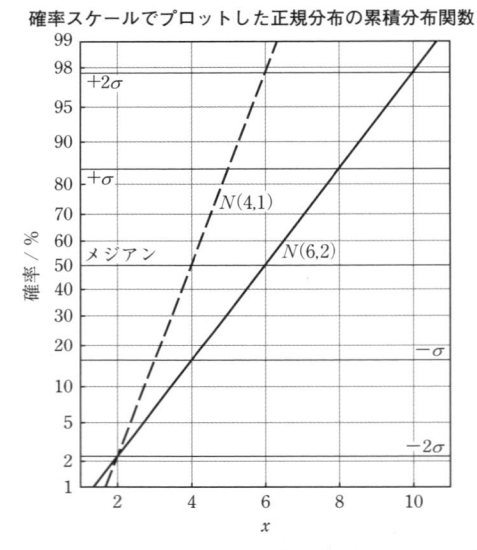

確率スケールでプロットした正規分布の累積分布関数

図4・7 $\mu=6$；$\sigma=2$ の正規分布 $N(6,2)$ に対する累積分布関数．確率スケールでプロットしてある．破線は $N(4,1)$．

しかし，有意かどうかの判断基準となる限界を 2.5σ，あるいは 2σ とした方がよいとする研究者もなかにはいる．どれが最も妥当な基準であるかは目的によって異なるし（つまり，測定結果に基づく判断がどのような結果をもたらすかによる），また研究者の好みによっても変わってくる．もちろん，用いた判断基準は常にはっきりしている必要がある．

一連の実験結果のなかから外れた，特定の一つの結果を有意であると判断する場合は，特に慎重でなければならない．たとえば，100個の互いに独立な測定値のなかの少なくとも一つの偏差が 2.5σ を超えたとしても，決して有意だということにはならない（それどころか，70％以上の確率で十分偶然に起こりうる）．そこで，たとえば**有意水準**（significance level）5％を維持しようと思えば，100個の実験結果のうち少なくとも一つについては 3.5σ の偏差をもつと考えなければならない*．

---

* 訳注：外れ値の扱いについては，§5・7を参照せよ．

有意そうに見える実験結果だけを選び出し，有意でなさそうな実験結果は無視するというのは，科学における犯罪行為である．p.215 にあるデータシートの正規分布の項を参照されたい．

表4・2 いろいろな Δ の値に対する正規分布から抽出した標本が区間 $(\mu-\Delta, \mu+\Delta)$ に出現する確率，および標本の値が $\mu+\Delta$ より大きい確率（あるいは同じことであるが，$\mu-\Delta$ より小さい確率）．

σを単位とする偏差 Δ	区間$(\mu-\Delta, \mu+\Delta)$に出現する確率	$>\mu+\Delta$となる確率
0.6745	50%	25%
1	68.3%	15.9%
1.5	86.6%	6.68%
2	95.45%	2.28%
2.5	98.76%	0.62%
3	99.73%	0.135%
4	99.993 66%	0.003 17%
5	99.999 943%	0.000 029%

4・6 中心極限定理

さまざまなタイプの確率分布のなかで，実際に最もよく登場するのが正規分布である．その理由は，互いに独立でランダムな要素が多数集まって生じるランダムなゆらぎは，正規分布をする傾向があるからである．そしてこの傾向は，それぞれの要素がどのようなタイプの確率分布に従うのかにはよらない．これが有名な**中心極限定理**（central limit theorem）である．すなわち，和の分布の平均と分散は，各要素が従うそれぞれの分布の平均の和および分散の和に等しい．より厳密には，つぎのように説明することができる．

$x_i, i=1, \cdots, n$ を，平均 m_i と分散 σ_i^2 が有限の値をとる任意の確率分布に従う確率変数の集合としよう．n が大きいとき，確率変数の和 $x=x_1+\cdots+x_n$ は，正規分布 $N(m, \sigma)$ の標本とみなせるようになり，その平均 m と分散 σ^2 は以下のようになる．

$$m = \sum_{i=1}^{n} m_i \tag{4・44}$$

$$\sigma^2 = \sum_{i=1}^{n} \sigma_i^2 \tag{4・45}$$

この定理を使うときは，注意が必要である．仮に各成分の分布関数に分散が存在しない（無限の大きさをもつ）ならば，中心極限定理は成立しなくなる．分布のゆがみがひどい場合にも，同様に問題が生じる．詳細については，p.154 の第 II 部 A5 で説明した．

中心極限定理はきわめて重要かつ汎用性の高いものではあるが，もとになる確率分布が必ず正規分布となることを保証してくれる訳ではない．偏差が比較的小さなときは，正規分布になることが多い．しかし偏差が大きくなると，これは必ずしも成り立つ訳ではなく，たとえば，濃度や常に正の値しかとらない何らかの強度を考えればわかるであろう．そのような場合には，正規分布でないゆがんだ分布であることが多いことに注意してほしい．

4・7 その他の確率分布

以上のほかにも，多くの確率分布がある．そのなかのいくつかについては，この節で簡単に説明したが，その他については本書の後の方で言及する．いずれの分布も，データから導かれる特性値の信頼区間を求めるうえでは重要である．

4・7・1 対数正規分布

対数正規分布（log-normal distribution）は，x ではなく，$\log x$ に関する正規分布のことである．当然ながら，$x>0$ に対してだけ定義される．この分布は，濃度や長さ，体積，時間の長さなど，負になることのない変数に対してだけ成立つ．

この場合の確率密度分布関数の標準形は，

$$f_{st}(x, s) = \frac{1}{sx\sqrt{2\pi}} \exp\left[-\frac{1}{2}\left(\frac{\ln x}{s}\right)^2\right] \qquad (4・46)$$

で与えられ，Python では拡張モジュール SciPy の関数 `stats.lognorm.pdf` で利用できる．しかし，使いやすさを考えると次式のような形式で表現する方がよいだろう．

$$f(x; \mu, \sigma) = \frac{1}{\mu} f_{st}\left(\frac{x}{\mu}, \frac{s}{\mu}\right) \qquad (4・47)$$

この $f(x; \mu, \sigma)$ は，μ/σ が大きくなると標準正規分布の確率密度関数 $N(\mu, \sigma)$ に近づく．図 4・8 には，いくつかの μ に対する対数正規確率密度関数の例を示した．

ただし，$\sigma=1$ とした．$\mu=10\sigma$ になると，曲線の形は事実上，正規確率密度関数と見分けがつかなくなる．

対数正規分布

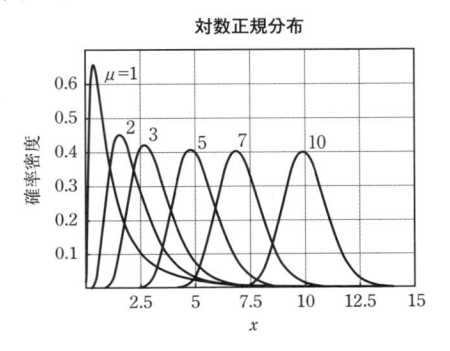

図 4・8 いくつかの μ に対する対数正規分布 $f(x;\mu,\sigma)$ の確率密度関数．$f(x;\mu,\sigma)$ については，(4・47)式を参照せよ．すべての曲線について，$\sigma=1$ である．

4・7・2 ローレンツ分布：分散が定義できない分布

あまり一般的ではないが，興味深い分布の一つが**ローレンツ分布**（Lorentz distribution），別名コーシー分布である．

$$f(x;\mu,w) = \frac{1}{\pi w}\left[1+\left(\frac{x-\mu}{w}\right)^2\right]^{-1} \qquad (4\cdot 48)$$

ここで，μ は平均，w は分布の幅を示すパラメーターである．$x=\mu\pm w$ で，関数の値は最大値の半分となっている．幅の目安としては FWHM（半値全幅）があり，$2w$ に等しい．この分布は，分光実験で現れることがある．たとえば，短寿命の励起状態から放出される光子の頻度分布は，ローレンツ型の形状を示す．ローレンツ型の分布を示すもう一つの例は，自由度 1 のスチューデントの t 分布である（データシート p.223 にあるスチューデントの t 分布の項を参照せよ）．

累積分布関数は，次式のようになる．

$$F(x) = \frac{1}{2} + \frac{1}{\pi}\arctan\frac{x}{w} \qquad (4\cdot 49)$$

この分布の問題点は，分散が無限大となることである．つまり，実際のデータ集合から分散を評価することは無意味である．したがって，裾が広がったほかの分布を含め，このような分布では，測定値の平均に関する精度を評価するには，ロバストな方法を用いる必要がある（p.68 の §5・7 を参照）．

図4・9には，正規分布とともにローレンツ分布をそれぞれの確率密度関数の最大値をそろえて示した．

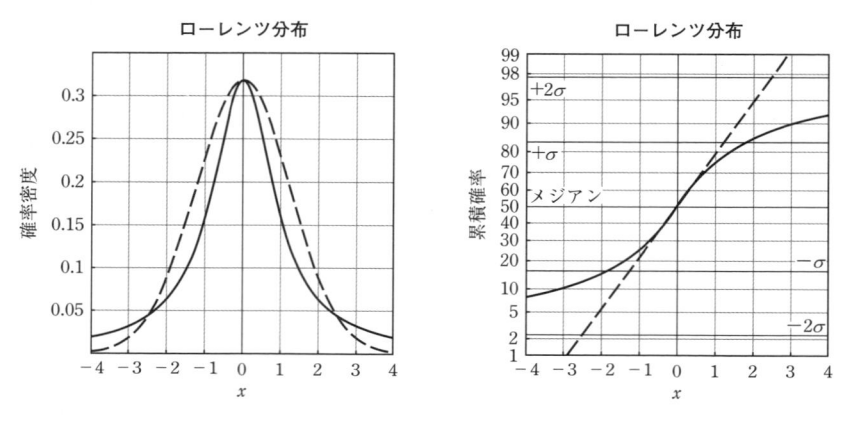

図 4・9 ローレンツ分布の確率密度関数（実線）$f(x;0,1)$．（4・48）式を参照．比較のため最大値をそろえて正規分布の確率密度関数（破線）も示した（$\sigma=\sqrt{\pi/2}$）．メジアンの位置で両者の累積分布関数の勾配が一致している．左図：確率密度関数，右図：確率スケールで示した累積分布関数

4・7・3 寿命と指数分布

寿命の分布を考える場合に，特別なタイプの分布が現れる．たとえば，ここに新品の白熱電球が多数あるとしよう．時刻 $t=0$ ですべての電球を同時に点灯し，電球が切れる時刻を記録する．t と $t+\Delta t$ の間に切れる（つまり，寿命が t と $t+\Delta t$ の間にある）電球の割合は $f(t)\Delta t$ である．ここで，$f(t)$ は電球の寿命の分布に関する確率密度関数である（Δt を小さい値として）．累積分布関数 $F(t)=\int_0^t f(t')dt'$ は，時刻 t までに切れた電球の割合であり，生存関数 $1-F(t)$ は，時刻 t において生き残った〔つまり，（まだ）切れていない〕電球の割合を表す．もう一つの例として考えられるのは，ある母集団に属する一人一人の寿命分布である．多数の人間の集団を考え，誕生の瞬間を $t=0$ としよう．$f(t)\Delta t$ は，寿命が t と $t+\Delta t$ の間にある人の割合になる．また $F(t)$ は，寿命が $\leq t$ の人の割合，$1-F(t)$ は，t において生き残っている人の割合となる．分子科学の例としては，蛍光性分子を $t=0$ で短パルスレーザーにより励起した後の蛍光強度（放射される光子数）の時間依存性があげられる．$f(t)$ は，蛍光の積分強度で規格化した時刻 t における相対的な蛍光強度を表す．

a. ハザード関数 寿命の確率密度関数あるいは累積分布関数は，寿命に関する統計学的な記述に用いられるが，死亡や故障の根底にある原因について説明をしてくれる訳ではない．そうした原因をより反映するのが，ハザード関数（故障率関数ともいう）$h(t)$ である．**ハザード関数**（hazard function）とは，**母集団**（population）のなかで年齢が t の構成員が消える（死亡する，姿を消す）確率密度である．言い換えれば，構成員が時刻 t の前後の短い時間 Δt の間に消える確率は，$h(t)\Delta t$ に等しい．時刻 t では，$1-F(t)$ の割合の構成員だけが残っているので，次式が成り立つ．

$$h(t) = \frac{f(t)}{1-F(t)} \tag{4・50}$$

この式と f が F の微分であることを使って，寿命確率密度関数として以下の式を得る．

$$f(t) = h(t)\exp\left[-\int_0^t h(t')\mathrm{d}t'\right] \tag{4・51}$$

b. 指数分布 $h(t)$ の選び方によって，いくつかの異なる分布関数が生じる．最も簡単なのが，放射性元素の崩壊や1次反応といった物理や化学におけるきわめて一般的な現象を記述する場合で，

$$h(t) = k \quad (定数) \tag{4・52}$$

の形の速度定数とよばれるものである．これは，母集団の構成要素（たとえば，放射性核種の数 n，反応物の濃度 c など）が，単位時間当たり，以下のように減少することを意味している．

$$\frac{\mathrm{d}n}{\mathrm{d}t} = -kn \tag{4・53}$$

$$\frac{\mathrm{d}c}{\mathrm{d}t} = -kc \tag{4・54}$$

(4・51)式より，

$$f(t) = k\mathrm{e}^{-kt} \tag{4・55}$$

および，

$$F(t) = 1-\mathrm{e}^{-kt} \tag{4・56}$$

が得られ，これを指数分布という．図4・10に指数分布（$c=1$ のとき）を示す．

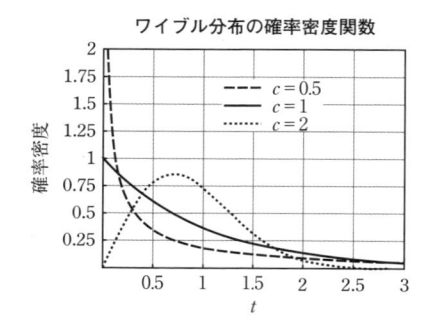

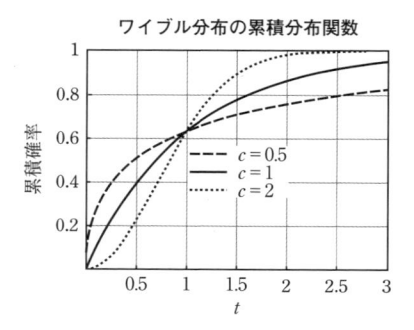

図4・10 $c=0.5, 1, 2$ の場合のワイブル分布に関する確率密度関数（左図）および累積分布関数（右図）．$c=1$ のとき，指数分布となる．

c. 母集団の統計解析 人口動態や事故解析など，母集団の統計解析を行うことを目的として，さまざまな型のハザード関数が提案されており，それに基づいて母集団に関する，より一般的な確率密度関数が利用できる．ワイブル分布*は，指数分布を一般化したもので，ハザード関数はつぎのような形をとる．

$$h(t) = ct^{c-1} \tag{4・57}$$

ここで，c は事故率の時間依存性を決定する．たとえば，$c=1$ では指数分布の確率密度関数と同じ結果になる．また，$c<1$ は初期速度が大きいこと（たとえば，高い幼児死亡率）を意味し，$c>1$ は高齢者の高い死亡率を意味している．対応する確率密度関数は，

$$f(t) = ct^{c-1} \exp[-t^c] \tag{4・58}$$

となり，累積分布関数は以下のとおりである．

$$F(t) = 1 - \exp[-t^c] \tag{4・59}$$

なお，位置（t の値をずらす）と尺度（t の値の縮尺を変える）のパラメーターを含めるのがふつうである．図4・10には，指数分布とともにワイブル分布の例を示した．

> ワイブル分布関数を生成するには，p.181の **Python コード 4・2** を参照せよ．

---

* さまざまな分布に関する情報を集めた，NIST/SEMATECH（米国国立標準技術研究所/半導体製造技術研究組合）のウェブサイトに置かれた統計学的手法に関する電子ハンドブック（e ハンドブック）はきわめて有用である．

4・7・4 カイ二乗 (χ^2) 分布

この分布は，正規分布した変数の二乗和 χ^2 の分布である．χ^2 分布 (χ^2-distribution) は，データの標準偏差が既知のときに予測値の信頼区間を求めるために使われる．p.102 の §7・4 および p.209 のデータシートのカイ二乗分布の項を参照せよ．

4・7・5 スチューデントの t 分布

これは正規分布をしている変数と χ^2 分布をしている変数の比に対する分布である．t 分布は，正規分布をしたデータが与えられていて，その標準偏差があらかじめ不明な場合に平均値の信頼区間を推定するのに使われる．p.63 の §5・4，p.128 の §8・4・2，そしてデータシートの p.223 にある**スチューデントの t 分布** (Student's t-distribution) の項を参照せよ．

4・7・6 F 分布

これは χ^2 分布している二つの変数の比に対する分布である．F 比というのは，二つの平均二乗和(つまり，標本の平均値または平均値の予測値に対する二乗偏差の和を自由度の数 ν で割ったもの) の比のことである．スネデカー (G.W. Snedecor) が命名した **F 分布** (F-distribution) とは，分散が等しい二つの標本集合から抽出された場合の F 比である $F_{\nu 1, \nu 2}$ に関する累積分布関数のことである．F 比としては，二つの平均二乗和のうち，大きい方を小さい方で割ったものを採用するのがふつうである．そして，$F_{\nu 1, \nu 2}$ が 99％水準を超えると，二つの標本集合のいずれもが同じ確率分布から抽出されたものである確率は 1％以下となる．$F_{\nu 1, \nu 2}$ を与える式，およびその値をまとめた略表を p.211 のデータシートの F 分布の項に示した．

データ集合を説明するために用いた当てはめモデルの適切さを評価するために行う線形回帰分析（第 7 章を参照）において，F 分布は有用である．その場合，モデルを適用したデータそのものの分散と，モデルに基づく予測値からのデータの分散とを比較する．そして，F 比の累積確率によって，当該モデルがデータのばらつき具合を十分に反映したものとなっているかどうかを判断することができる．

回帰分析に F 分布を利用するのは，一般的な "**分散分析**（ANOVA；analysis of variance）"の特別な場合である．分散分析は，外部因子が正規分布した変数に及ぼす影響を評価する際に，広く用いられている．そうした評価法は，実験計画法あるいは要因分析法，つまり一定の意図をもつ外部因子による影響を評価する統計

学の領域に属している．本書は，測定データを処理してパラメーターの確率分布を見積ることをおもな問題として取扱っているので，実験計画の統計学的な取扱いは本書の範囲を超えている*1．しかしながら，F 分布の活用のヒントとして，一元配置 ANOVA*2 の簡単な例について以下で紹介する．

均一な母集団から無作為に抽出した患者のグループに対して投薬治療を行い，一方，同じ母集団から無作為に抽出した別の患者のグループにはプラセボ（偽薬）を与える実験を行った．二つのグループに対して，客観的な検査を行ってその成績を測定し，統計的検定を行って投薬治療の効果が見られた確率を評価した．この評価法は，"投与した薬剤に効果はない"という**帰無仮説** (null hypothesis) H_0 が真となる確率によって表現される．まず，以下の 2 種類の平均二乗平均偏差の計算を行う．一つ目は，二つのグループから成る全体の平均値を基準にしたそれぞれのグループの平均値についてのもの〔"群間分散"，あるいは"**回帰二乗和**（regression sum of squares, SSR）"の平均という〕である．二つ目は，グループごとに，そのグループの平均値を基準にした分散を求め，それらの値を二つのグループについて足し合わせたもの〔"群内分散"あるいは"**誤差二乗和**（error sum of squares, SSE）"の平均という〕である．つぎに，それぞれの二乗和を**自由度**（degree of freedom）の数 ν，つまり標本の数から調整パラメーターの数を引いたもので割る．すなわち，k 個のグループがあるときの群間分散では $\nu_1=k-1$ で，群内分散では $\nu=n-k$ で割ることになる．この例では，グループは二つだから $k=2$ である．また，対照群で n_1 回の臨床試験を行ったところ検査成績の平均は μ_1，一方，治験群で n_2 回の臨床試験を行ったところ検査成績の平均は μ_2 であった．各回の臨床試験ごとの検査成績の平均値 y_i に対して，$n_1+n_2=n$ 回から成る臨床試験全体における平均値を求めると μ となった．これより F 比は，

$$F_{1,n-2} = \frac{\text{SSR}/1}{\text{SSE}/(n-2)} \qquad (4\cdot 60)$$

で与えられるが，ここで，SSR および SSE は以下のとおりである．

$$\text{SSR} = n_1(\mu_1-\mu)^2 + n_2(\mu_2-\mu)^2 \qquad (4\cdot 61)$$

$$\text{SSE} = \sum_{i=1}^{n_1}(y_i-\mu_1)^2 + \sum_{i=n_1+1}^{n}(y_i-\mu_2)^2 \qquad (4\cdot 62)$$

---

*1 要因分析法を扱ったものとしては，Walpole et al. (2007) をはじめ，たくさんの書籍がある．

*2 訳注：グループを識別する要素が一つである場合の分散分析．

実際のF検定では$1-F(F_{1,n-2})$の値を求めるのだが,F比の値がゼロでない限り,F検定の結果から,用意した帰無仮説が真である確率がわかる.その値が小さいなら(たとえば,0.01以下),この投薬治療は有意な効果をもつと結論づけてよい.

例

高血圧症の患者に,新薬の臨床試験をすることになった.治療経験のない10人の高血圧症患者に,同意を得たうえで被験者になってもらう.血圧値の決定は,標準的な方法(たとえば,毎朝9時に最高血圧を測定し,それを5日連続で行ってその平均をとる)で行い,たとえば,2週間治療を続けた後の血圧値から治療前の血圧値を引いたものを試験値として採用する.つぎに,5人の患者を無作為に選んで"投与群"とし,残りの5人の患者は対照群とする.投与群は,評価対照の薬剤による治療を受けるが,対照群にはプラセボをそれとはわからないようにして投与する.治験の結果,帰無仮説が95%信頼水準*で**棄却**(reject)されれば,この投薬治療は有効であったと判断するものとしよう.実験の結果は,つぎのようになった(試験値の単位は,mm Hg).

投与群: $-21, -2, -15, +3, -22$

対照群: $-8, +2, +10, -1, -4$

投与群の平均は-11.4,対照群の平均は-0.2である.この結果から薬効があったように見えるが,しかるべき二乗和を計算すると,

SSR = 314; SSE = 698; $F_{1,8} = [314/1]/[698/8] = 3.59$; $F(3.59) = 0.91$

となり,帰無仮説(この薬剤の投与は効果がない)が真である確率は9%,また対立仮説(この薬剤の投与は効果がある)が真である確率は91%となる.したがって,実験の結果はこの治療薬に効果があることを示唆してはいるものの,あらかじ

---

* 実験の詳細と用いる統計学的手法の両方を事前にはっきりさせておくことは重要であり,実験の途中や実験後に変えるようなことがあってはならない.患者の選び方や検査の進め方には,決してバイアスが掛からないようにしなくてはいけない.実験をより厳密に行うために,どの患者が被験薬を投与されたのかは,患者にも,検査に携わる医師にも知らされない(二重盲検試験).重大な事態が予想される試験では,被験者の数をもっと増やす必要がある.また,ひどい副作用が生じる場合や,被験薬が非常に有効なことが明らかとなって,そのまま実験を続けると対照群の患者から治癒の機会を奪ってしまう危惧が生じる場合には,そうした事態への対応策が必要になってくる.病院や研究機関のなかには,こうした人体を使った実験を行う際の規則をつくり,実験実施の可否を認証する倫理委員会を立ち上げるなど,真剣な取組みを行っているところもある.同様に,実験の質について事前に検討し,十分高いと判断した論文だけを出版するのがしっかりした学術論文誌といえるだろう.

め設定した95%信頼水準で判断する限り，そうした結論にはならない．したがって，（さらに）多くの患者に対して繰返しこの臨床試験を行ってみることは絶対に必要であろう．

第4章のまとめ

この章では，確率密度分布，累積確率分布，そして生存関数の違いについて学んだ．与えられた確率分布に対する関数の期待値とは何か，また平均，分散，標準偏差，および分布の歪度と尖度はどのように定義されるのかについても学んだ．二項分布は最も簡単な離散分布であり，出現確率が異なる二つの中から一つを無作為に選ぶ試行を記述するのに適している．三つ以上の中から一つを無作為に選ぶ場合には，多項分布を用いる．連続スケールのなかである事象がランダムに起こる場合，たとえば，ある時刻にパルス的に光子が観測される場合は，ポアソン分布となる．多くの事象が起こる極限では，ポアソン分布は連続なガウス分布，すなわち正規分布となる．正規分布は，いろいろな場面で頻繁に登場する．ばらつきの原因が，多くのランダムで互いに独立な要素から生じているときは，それらの要素が従う個々の分布に関係なく，正規分布が現れる（中心極限定理）．特定の応用分野で，上記以外の確率分布が活躍する場合がある．たとえば，寿命分布はその一例である．ローレンツ分布のような無限大の分散をもつ分布では，一般的な確率分布に対する規則が当てはまらないので，扱いに注意を要する場合がある．カイ二乗分布，スチューデントのt分布，スネデカーのF分布は，データ系列の評価にあたってそれぞれに有用である．

練習問題

4・1 ある宝くじでは，5%の確率で賞金が当たる．宝くじを10枚購入して，当たりくじの枚数が0枚のときの確率，1枚のときの確率，2枚のときの確率,…はそれぞれいくらか．ただし，くじの枚数も当たりくじの数も，どちらも非常に多く，くじが当たる確率はすでにでた当たりくじの数にはよらないと仮定せよ．

4・2 xの測定値がある値x_mより大きくなる確率は1%であることが既知ならば，20回の独立した測定で少なくとも1回の測定値がx_mより大きくなる

確率はいくらか．

4・3 2人の候補者がいる大統領選挙がある．世論調査をして，1%の標準誤差で選挙結果を予想したい．2人の得票数は拮抗しているものとする．バイアスが掛かっていない無作為に抽出した選挙人から意見を聞くことが可能だとして，何人の選挙人を抽出する必要があるだろうか（つまり，標本サイズはどれくらいにすればよいか）．

4・4 結果が0か1のいずれかとなる，n個の独立な事象を観察する．0がでる回数をk_0回，1がでる回数をk_1回とする（$k_0+k_1=n$）．
a) 1が一回だけでる確率の最良推定値はいくらか．
b) k_0の標準誤差はいくらか．
c) k_1の標準誤差はいくらか．
d) k_1とk_0の比$r=k_1/k_0$の標準誤差はいくらか．

4・5 (4・33)式のポアソン関数が規格化されていることを示せ．

4・6 a) 図4・4で取上げた病院に関して，どの患者も入院期間は1日，また病棟には7床のベッドがあると仮定しよう．7人を超える数の患者が来院すれば，収容しきれない患者はほかの病院へ転院してもらうことになる．この病院では，平均して何床のベッドがふさがることになるか．
b) 1日当たり平均して何人の患者が，ほかの病院へ転院させられるか．
c) ベッドを空けたままにしておくときのコストが1日当たり300ドル，患者1人当たりの転院費用が1500ドルである．コストの観点から，最適なベッド数は何床か．また，そのベッド数にした場合，1日当たり何人の患者がほかの病院へ転院することになるか．

4・7 a) ある光センサーは光子1個を吸収するたびに電気的なパルスを1回発生するが，入射光がないときでも電気的パルスを生じる（暗電流として）．入射光がないときに電気的パルスが1秒当たり100カウント，入射光があるときに900カウント，それぞれ観測されたとする．この入射光強度の相対標準誤差はいくらか．
b) 測定を100回繰返した（入射光のある場合とない場合の両方）ときの，入射光強度の相対標準誤差はいくらになるか．

4・8 正規分布から抽出した標本の値が，区間$[\mu-0.1\sigma, \mu+0.1\sigma]$に存在する確率はいくらか．

4・9 データシートの正規分布の項にある，xが大きいときの近似式を利用して，

$x=6\sigma$ を超える確率を求めよ．この場合に，この近似式は有効といえるか（データシートの p.215 にある正規分布の項を参照せよ）．

4・10 中心極限定理の有用性を示す例を考えてみよう．区間$[0,1\rangle$で一様に分布した 12 個のランダムな数 r を加え合わせ，そこから 6 を引いた結果は，きわめてよい近似として，$\mu=0$ および $\sigma=1$ の正規分布から抽出した標本とみなすことができる．

$$x = \sum_{i=1}^{12} r_i - 6$$

a) $\langle x^2 \rangle = 1$ となることを示せ．
b) この方法を用いて，正規分布をする 100 個の数を生成せよ．
c) 得られた 100 個の数の累積分布関数（cdf）を，確率スケールでグラフ化せよ．

4・11 指数分布について，その平均値と分散を計算せよ．

4・12 p.53 の例と同様の試行を行い，以下の結果を得た．

$$\text{投与群：}-6, \ 2, -8, -7, -12$$
$$\text{対照群：} \ 5, -1, \ 3, -4, \ \ 0$$

F 比とその累積確率を，F 分布を用いて計算せよ．この F 検定から，どんな結論を導くことができるか．

5

実験データの処理

　この章では，測定結果が単純な形式で表記できる場合のデータ処理の仕方について説明する．すなわち，未知量 μ について類似の測定値 $x_i = \mu + \varepsilon_i$ がいくつか得られ，違っているのは，ランダムに変動する部分 ε_i だけという場合である．このとき，真の値 μ に対する最良推定値 $\hat{\mu}$ はどのように求めたらよいだろうか．また，$\hat{\mu}$ の精度の最良推定値はどのように求めたらよいだろうか．言い換えると，真の値 μ に対する $\hat{\mu}$ の値のずれはどのくらいの大きさと予想されるだろうか．測定値は，元になる分布から抽出された標本と考えられる．その分布はどのような特徴をもつだろうか．もしそれが正規分布であるならば，その平均と分散をどのように求め，それらの相対的な精度をどのように評価すればよいのだろうか．またもし，元になる分布についてどのような仮定も置きたくない場合には，どのようにデータ処理をすればよいだろうか．

　類似の測定値 x_i がいくつかあり，それらの違いはわずかで互いにランダムだとする．とりあえず，このランダムな違いが，平均 μ および標準偏差 σ，したがって分散は σ^2 の正規分布に従うと仮定しよう．このデータ集合のサイズは有限であり（しかも，元の分布から抽出された標本としてはこれだけなので），元の分布関数が本当に何であるかわからないけれども，μ や σ を推測することは可能である．得られた推定値は，変数の記号に"ハット($\hat{}$)"をつけて，$\hat{\mu}$ や $\hat{\sigma}$ などと表すのがふつうである．しかし，本当に知りたいのは，真の値（たとえば，平均）の**最良推定値**(best estimate)であり，またその推定値の不確かさである．ただし，実際には分散の推定値を用いて平均の不確かさを求める．

　この章では，まずデータ自身が従う分布関数に注目し（§5・1），続いてそのデー

タの特性（§5・2）から元になる分布関数の特性をどのように推定するのか（§5・3）を実際に見ていくことにする．推定値の不確かさに関して，平均については§5・4で，また分散については§5・5でそれぞれ検討する．§5・6では，個々のデータが異なる統計的重みをもつ場合について考える．最後の§5・7では，元になる分布の正確な形がわからなくても，解析を進めることができるロバストな手法のいくつかを紹介する．

5・1 データ系列の分布関数

　測定データが，およそどのように分布しているのかを知るには，**ヒストグラム**（histogram）にしてみるのがよい．それには，まずデータを昇順に並べ替え，つぎにあらかじめ決めておいた間隔ごとにグループ化する．それぞれの間隔に含まれる測定値の数を，その間隔の真ん中の値に対して，たとえば柱状の記号を使ってプロットしたのがヒストグラムである．

　コンピューター上で見た目のきれいなヒストグラムを作図する場合は，注意が必要である．たとえば，3次元の柱を使って立体的に見えるようにすると，視点のとり方によって，特定の柱が実際よりも高く見えてしまうかもしれない．また，本来水平であるべき線は，右上がりにも右下がりにも自由自在に描けるので，見る人によってはグラフの意味を誤解するかもしれない．同様なことは，棒や柱の代わりに，たとえば原油の生産量を表す目的で原油を入れる樽の絵を使ったりする場合にも起こる．というのは，樽の大きさを2倍にすると，実際には2倍よりもっと大きくなった印象を与えるからである．見た目をよくするためにきれいな図を使いたい気持ちはよくわかるが，その図が間違った印象を与えかねないことに留意したい．もし，それを意図的に狙ったのだとしたら，それは科学の名を騙った犯罪である＊．

　ここで，第2章のp.7ででてきた30個の測定値の例を取上げよう．p.8の表2・1に示すようにデータはすでに並べ替えてあり，図2・3にはそのヒストグラムを示した．

　ヒストグラムは，測定データの元となった確率密度関数の近似と考えることができる．30個の測定値を扱うこの例のように，測定値の数が限られているときは，ヒストグラムには凸凹が目立ち，曲線の当てはめによって確率密度関数を求めることは難しい．むしろ，データを累積分布で表した方が分布の様子がわかりやすくな

　＊　見た目で騙す話は昔からよくある．たとえば，Huff (1973) を見てみるとよい．

るかもしれない．この例ではデータが離散的であるが，§4・2・4で説明したように，連続確率分布に対して累積分布関数 $F(x)$ を考えることで分布の様子が理解しやすくなったのと同様である．n 個の測定値 $x_1,\cdots,x_n$ に対する累積分布は，次式で定義される．

$$F_n(x) = \frac{1}{n}\sum_{i=1}^{n} I(x_i \leq x) \qquad (5\cdot 1)$$

ここで，I（条件）は指示関数であり，条件が真のときは 1，そうでなければ 0 に等しいと約束する．したがって，$F_n(x)$ は，全標本数に対する $x_i \leq x$ を満たす x_i の個数の割合に等しい．また，図 5・1 のように，この関数は x_i-1 と x_i の間で $(i-1)/n$ に等しく，$x=x_i$ で階段状に折れ曲がって i/n となる．

重みの等しい一連の測定値の累積分布は，データを $x_1 \leq x_2 \leq \cdots \leq x_n$ となるように並べ替え，x の値に対してその順序番号をプロットすれば得られる．

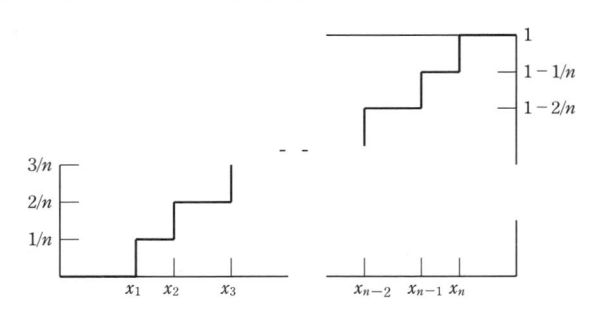

図 5・1 離散データ集合 $x_1,\cdots,x_n$ に対する累積分布関数の様子

(5・1)式の定義では，すべてのデータ点が同じ**統計的重み**（statistical weight）をもつと仮定している．しかし，その仮定が成り立たないこともしばしば起こる．たとえば，集められたデータがすでに一定の区間ごとに分けられていて（つまり，ヒストグラムがすでにできあがっていて），元のデータがわからなくなっている場合である．そのような場合，統計的重みがそれぞれ $1/n$ の n 個のデータ点があると考えるのではなく，それぞれにある一定の統計的重み w_i をもつ何個かの仕分け箱があると考える．w_i は，i 番目の仕分け箱に入れられた測定値の個数と考えればよいが，できれば測定値の総数に対する相対値になっていると，重みの総和が 1 となって都合がよい．

図 5・2 は，このようにして得られたヒストグラムの例である．データは，20～29 歳のオランダ人の男性および女性の身長分布で，1998 年，1999 年，2000 年の平

均をとったものである.このデータは公式な統計情報源*から入手できるが,それは幅が 5 cm の階級ごとの百分率で表しただけのものである.したがって,階級の中点が 180 cm の仕分け箱には,丸めた身長の値で 178〜182 cm のものがはいっているが,実際の身長では 177.5 から 182.5 cm までに相当する.ヒストグラムの柱は,それぞれの階級の中点に立てることになっている.

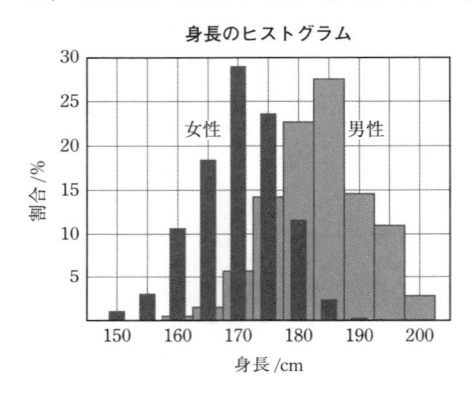

身長のヒストグラム

図 5・2 20〜29 歳のオランダ人男性(■)およびオランダ人女性(■)について 1998, 1999, 2000 年の平均の身長分布を示すヒストグラム.データは 5 cm の幅の階級に分けて示してある.

このデータの累積分布は,各データ点を重み w_i の分だけ評価し直す必要があるので,(5・1)式とは少し異なり,次式のようになる.

$$F_n(x) = \frac{\sum_{i=1}^{n} w_i I(x_i \leq x)}{\sum_{i=1}^{n} w_i} \tag{5・2}$$

データは階級の中点で階段状に折れ曲がるようにプロットすべきである.図 5・3 の左図は,図 5・2 の人数と身長の関係のデータを累積分布としてグラフ化したものである.もちろん,階段状の曲線は,身長に関する実際の累積分布に対する近似である.図中の点の印は,この近似曲線が実際の累積分布にちょうど一致する点を示しているが,その位置は,隣合う仕分け箱の境目に当たっている.したがって,分布関数の理論曲線を実験値に当てはめようとするときは,理論曲線がこれらの点にできるだけ近づくようにしなければならない.

図 5・3 の右図は,同じデータを確率スケールでプロットしたものである(p.43 参照).正規分布であれば直線となるので,このグラフからデータの分布は正規分布にきわめて近いことがわかる.

---

* オランダ中央統計局のウェブ統計 "Statistic Netherlands" のホームページ参照.

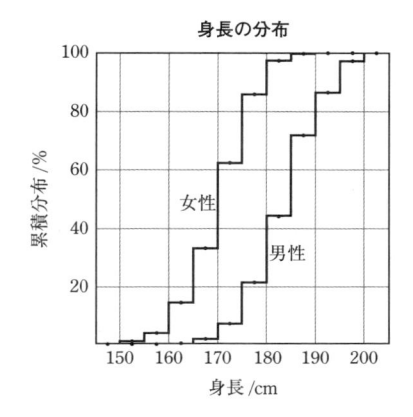

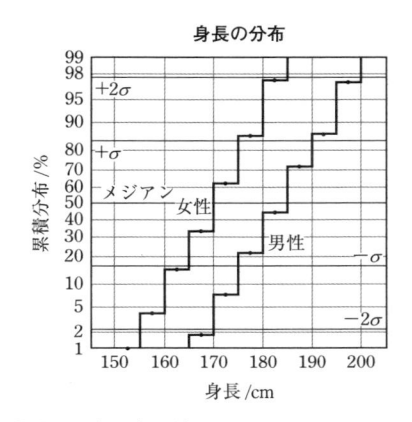

図 5・3 図 5・2 のデータに対する累積確率分布．左：線形スケール，右：確率スケール．図中の点の印は，その位置で実際の累積分布関数の値とちょうど一致することを示している．

5・2 データ系列の平均値と平均二乗偏差

本書では，あるデータ系列の**平均値**（average）を，たとえば $\langle x \rangle$ のように $\langle \cdots \rangle$ という記号で表すことにする*．そもそも，データはある確率分布から標本として抽出されるものであるが，データ系列からその確率分布の特性を推定するには，以下の平均量が必要である．

i) 一連の等価で（つまり，同じ程度に起こりうる）互いに独立な標本 $x_i, i = 1, \cdots, n$ の平均値 $\langle x \rangle$ を，以下の式で定義する．

$$\langle x \rangle = \frac{1}{n} \sum_{i=1}^{n} x_i \tag{5・3}$$

異なる統計的な重みのついたデータ系列の扱い方については，§5・6 を参照されたい．

ii) 平均値からの**平均二乗偏差**（mean squared deviation, msd）を次式で定義する．

$$\langle (\Delta x)^2 \rangle = \frac{1}{n} \sum_{i=1}^{n} (\Delta x_i)^2 \tag{5・4}$$

---

* 平均値を，変数にバーをつけて $\bar{x}$ のように表記することがあるが，本書では時間についての平均を表す場合にその記号を使う．期待値（§4・2・2 参照）も平均を意味する．確率密度関数についての期待値がその例であるが，その場合，平均（mean）とよぶのがふつうである．平均（mean）という用語を，データ系列に対する平均値（average）の意味で用いる文献もしばしば見受けられる．

ここで，Δx_i は次式のような，平均値からの偏差である．
$$\Delta x_i = x_i - \langle x \rangle \tag{5・5}$$

平均二乗偏差の平方根は**根平均二乗偏差** (root-mean-squared deviation, rms 偏差あるいは rmsd) とよばれ，平均値のまわりのデータの広がり具合の指標となっている．

平均二乗偏差を求めるには，データを2度使う必要がある．1度目が $\langle x \rangle$ を求めるときで，2度目がそれを使って $\langle (\Delta x)^2 \rangle$ を求めるときである．しかし，つぎの恒等式を利用すれば，そうした手間は避けられる（練習問題5・2を参照）．
$$\langle (\Delta x)^2 \rangle = \langle x^2 \rangle - \langle x \rangle^2 \tag{5・6}$$
ここで，
$$\langle x^2 \rangle = \frac{1}{n} \sum_{i=1}^{n} x_i^2 \tag{5・7}$$

■ 注意 ■ x_i が大きな数で，それらの広がり具合が比較的小さい場合には，(5・6)式は打切り誤差によって不正確な結果を生じることがあり，特にコンピューターで単精度計算を行う場合には注意が必要である．したがって，(5・6)式を一般的な公式としておすすめはしない．しかし，もし(5・6)式を使うなら，すべての x から $\langle x \rangle$ に近い定数，たとえばデータ系列の最初にでてくる値を引いてやれば，そうした問題を避けることができる．もちろん，得られた平均値からその分だけあとで補正する必要はある．

5・3 平均と分散の推定値

二つの平均値 $\langle x \rangle$ と $\langle (\Delta x)^2 \rangle$ は，データ集合から容易に計算することができる特性値である．測定データは，ある確率分布から無作為に抽出された互いに独立な標本と考えられるが，これら二つの平均値を使って，元の確率分布の平均と分散を（そして標準偏差も）推定するには，どうしたらよいだろうか．

平均 μ については簡単である．元の分布の平均に対する最良推定値 $\hat{\mu}$ を，データそのものの平均とする．すなわち，
$$\hat{\mu} = \langle x \rangle \tag{5・8}$$
こうしておけば，$\hat{\mu}$ からの偏差の二乗和が最小となることは容易に示すことができる．
$$\sum_{i=1}^{n} (x_i - \hat{\mu})^2 \Rightarrow \text{最小化} \tag{5・9}$$

一方，分散をどのように決めるのかは，あまり自明とはいえない．元の確率分布の分散に対する最良推定値 $\hat{\sigma}^2$ は，次式のようにデータの平均値の平均二乗偏差に比べてわずかに大きい．

$$\hat{\sigma}^2 = \frac{n}{n-1}\langle(\Delta x)^2\rangle = \frac{1}{n-1}\sum_{i=1}^{n}(x_i - \langle x\rangle)^2 \tag{5・10}$$

なお，元の確率分布の標準偏差の最良推定値は，$\hat{\sigma}^2$ の平方根である．

$$\hat{\sigma} = \sqrt{\hat{\sigma}^2} \tag{5・11}$$

(5・10)式に，$n/(n-1)$ という因子が登場するのは，$\langle x\rangle$ が確率分布の平均に完全には等しくないという意味であり，$\langle x\rangle$ それ自身がデータと一定の相関をもつことを示している．大雑把にいえば，平均値を求めるためにデータ点の一つが"使われた"ので，分散の計算には，残りの $n-1$ 個のデータ点をあらためて一つのまとまったデータとして使うということである．この因子の実際の導出の仕方については，p.157 の第Ⅱ部 A6 を参照されたい．上記の $\hat{\sigma}^2$ を求める式が成り立つのは，データが互いに独立な標本である場合に限られる（本節では，そうした場合であると仮定している）．データに相関があれば，$\hat{\sigma}^2$ の値はさらに大きくなる．また見てのとおり，$n/(n-1)$ という因子は，n が大きくなるとその影響は小さくなる*．

5・4 平均の精度とスチューデントの t 分布

平均の精度は σ そのものではないが，σ の値から評価することはできる．データ点数が多ければ多いほど，測定値の平均値は元の確率分布の真の平均により近づくと考えられる．平均値 $\langle x\rangle$ は，それ自身も確率分布から抽出された標本であり，かりに一連の測定を何度も繰返し実行することができるなら，元の確率分布そのものを再現することができる．n 回の互いに独立な測定から成る実験を何度も行った場合，平均値の分散は次式で与えられる．

$$\sigma_{\langle x\rangle}^2 = \sigma^2/n \tag{5・12}$$

この式の導出については，第Ⅱ部 A7 を参照せよ．これより，平均値 $\langle x\rangle$ の標準偏差（標準誤差，あるいは rms 誤差ともいう）に関する推定値 $\hat{\sigma}_{\langle x\rangle}$ は，以下のようになる．

---

* 統計計算機能のついた電卓には，σ の計算に n を使うものと $n-1$ を使うものとを選べる機種があるので注意が必要である．前者の場合は，データ集合の根平均二乗偏差が得られ，後者の場合は元の確率分布の標準偏差に関する最良推定値が得られる．

$$\hat{\sigma}_{\langle x \rangle} = \frac{\hat{\sigma}}{\sqrt{n}} = \sqrt{\frac{\langle (\Delta x)^2 \rangle}{n-1}} \qquad (5 \cdot 13)$$

この式もまた，すべての測定値の統計的な偏差が互いに独立な場合にのみ成り立つ．もし互いに独立でなければ，個々の偏差は二乗和とは異なる形で積算されるので，結果として標準誤差は大きくなる．それはちょうど，互いに独立なデータ点の数が n より少ない場合に似ている．連続する測定値間の相関が原因で測定値の間の依存関係が生じることはよくあることだが，そうした場合には，**相関長** (correlation length) n_c を定義するとよい．そうすれば，さきほどの式はそのまま使えて，必要に応じてデータ点の数 n を実効的なデータ点数 n/n_c で置き換えればよい．たとえば，(5・10)式で $n/(n-1)$ は $n/(n-n_c)$ となり，分散の推定値はいくらか大きくなる．しかし，(5・12)式の n も n/n_c に置き換わるので，標本平均の標準誤差の大きさは $\sqrt{n_c}$ 倍になる．なお詳細については，p.157 の第II部 A6 および p.160 の第II部 A7 を参照されたい．

測定値が正規分布から抽出された標本である場合，次式で与えられる量が標準正規分布 $N(0, 1)$ から抽出された標本と考えたくなるかもしれない．

$$t = \frac{\langle x \rangle - \mu}{\hat{\sigma}/\sqrt{n}} \qquad (5 \cdot 14)$$

しかし，$\hat{\sigma}$ が元の正規分布の真の σ に必ずしも等しくはないので，それは正しくない．つまり，$\hat{\sigma}$ 自身にも広がりがあるからである．こうしたことを考慮すれば，t はある特別な分布から抽出された標本であることがわかるであろう．この分布を**スチューデントの t 分布** (Student's t-distribution) という[*]．詳細については，p.223 にあるデータシートのスチューデントの t 分布の項を参照せよ．また，ベイズ統計の考え方に基づいた式の導出については，p.123 の §8・4・2 を参照せよ．

データ点数が大きい極限で t 分布は正規分布に一致するが，逆にデータ点数が少ないと，t 分布は広がりが大きくなってしまう．t 分布は，パラメーターとして**自由度** (degrees of freedom) ν をもち，その値は（互いに独立な）データ点数から 1 を引いたものに等しい ($\nu=n-1$)．これは，平均値を求めるためにデータ点の一つがすでに使われているためであり，ちょうど (5・10)式で σ の推定値を求めたときと同じである．ちなみに，データ点数が 2 以上でなければ，平均の精度について

---

[*] Gosset (1908) を参照せよ．"スチューデント"というのは，英国の統計学者 W.S. Gosset (1876〜1937) のペンネームである．

何か言おうにも言いようがないことは自明であろう.

信頼区間(confidence interval)を明確に示すには，t 分布を用いるのが最も適している．それによって，真の平均が，たとえば確率 50%（あるいは，80%，90%，95%，99%，…など好きなように設定できる）で存在する区間（信頼区間）の上限と下限を明示することができる．

5・5 分散の精度

最後に，$\hat{\sigma}$ の精度について考えてみよう．測定値が互いに独立で，偏差が正規分布からのランダム標本となっていれば，$\hat{\sigma}$ の相対標準誤差は $1/\sqrt{2(n-1)}$ に等しい．これについては，p.160 の第 II 部 A7 に詳しく説明した．平均の標準誤差の計算値における相対標準誤差についても，同様のことがいえる．たとえば，10 個の測定値に対する平均とその不確かさの推定値が 5.367±0.253 であったとする．0.253 の相対誤差は $1/\sqrt{18}$ つまり 24%（0.06 に相当）だから（したがって，有効数字 2 桁とするには精度が不十分である），報告値としては，5.4±0.3 とすべきである．また同じ推定値が，100 個の互いに独立な測定値に対して得られたものとすれば，報告値として 5.37±0.25 とするのが適切だろう．表 5・1 は，互いに独立なデータ点の数 n に対して，$\hat{\sigma}$ の相対標準誤差を百分率として表したものである．(5・13)式を使って計算した平均の標準誤差に対しても，同じ相対標準誤差が当てはまる．

表 5・1 n 個の互いに独立な標本から求めた，元の確率分布の標準偏差の推定値 $\hat{\sigma}$ に関する相対標準誤差 sd($\hat{\sigma}$)

n	sd($\hat{\sigma}$)/%	n	sd($\hat{\sigma}$)/%	n	sd($\hat{\sigma}$)/%
2	70	10	24	50	10.1
3	50	15	19	60	9.2
4	41	20	16	70	8.5
5	35	25	14	80	8.0
6	32	30	13	90	7.5
7	29	35	12	100	7.1
8	27	40	11	150	5.8
9	25	45	11	200	5.0

ふつう，標準偏差の精度はあまり大きな値とはならないのに対して，歪度あるいは過剰尖度の推定値は，小さな値にとどまることが多い．ガウス分布（正規分布）

に近い分布では，これらの推定値とその標準誤差は，以下のように表される．

$$歪度 = \frac{1}{n}\sum_{i=1}^{n}\left(\frac{x_i}{\hat{\sigma}}\right)^3 \pm \sqrt{\frac{15}{n}} \qquad (5・15)$$

$$過剰尖度 = \frac{1}{n}\sum_{i=1}^{n}\left(\frac{x_i}{\hat{\sigma}}\right)^4 - 3 \pm \sqrt{\frac{96}{n}} \qquad (5・16)$$

5・6 重みの異なるデータの扱い方

ここまでは，すべてのデータ点が同じ統計的重みをもつと仮定して話を進めてきた．言い換えると，すべてのデータ点が同じ確率分布から抽出された標本であると仮定してきた．しかし，特定の測定値がほかに比べて高い精度をもつことはよくあることで，統計的な解析（たとえば，平均を求める場合など）を行うにあたって，より高い精度をもつ測定値にはより大きな重みづけをして扱う必要がある．たとえば，同じ量を異なる方法で求めると，不確かさの推定値が異なるいくつかの結果が得られるが，そうした場合にデータの重みづけが必要になる．それにより，平均の最良推定値が得られるのである．また，ヒストグラムのデータが格納された仕分け箱にも，重みづけは必要である．すべての測定値に対する平均を適切に求めるには，それぞれの仕分け箱の中心の値 x_i に，その箱に含まれる測定値の数 n_i を掛けたものが必要になることは言うまでもない．

$$\langle x \rangle = \frac{\sum_i n_i x_i}{\sum_i n_i} \qquad (5・17)$$

一般に，元の確率分布の平均に対する最良推定値 $\hat{\mu}$ は，次式で定義される**加重平均**（weighted average）である．

$$\langle x \rangle = \frac{1}{w}\sum_{i=1}^{n} w_i x_i \qquad w = \sum_{i=1}^{n} w_i \qquad (5・18)$$

ここで，重み因子 w_i は，$1/\sigma_i^2$ に比例する．しかも，和をとった後に重みの総和で割っているので，比例さえしていれば w_i はどんな値でもよい．これで正しく平均が計算できる理由は，p.164 の第Ⅱ部 A8 に説明してある．

こうした方法で平均が正しく計算できるのは，単に x に限らず，どんな量についても当てはまるので，たとえば，

$$\langle x^2 \rangle = \frac{1}{w}\sum_{i=1}^{n} w_i x_i^2 \qquad w = \sum_{i=1}^{n} w_i \qquad (5・19)$$

5・6 重みの異なるデータの扱い方

また，さらに，

$$\langle f(x) \rangle = \frac{1}{w} \sum_{i=1}^{n} w_i f(x_i) \qquad w = \sum_{i=1}^{n} w_i \qquad (5 \cdot 20)$$

などと，一般化することができる．

5・6・1 平均の推定値の精度

$x_i \pm \sigma_i$ の加重平均によりあるデータ系列の平均が求められれば，その平均に関する標準誤差の推定値は，以下の式で与えられる．

$$\hat{\sigma}_{\langle x \rangle} = \left(\sum_{i=1}^{n} \frac{1}{\sigma_i^2} \right)^{-\frac{1}{2}} \qquad (5 \cdot 21)$$

この式でよい理由についても，第II部A8で説明している．この公式を使うのは，σ_i^2 の値が信頼できる場合であり，そのときは $\hat{\sigma}_{\langle x \rangle}$ を見積るのに $\langle (\Delta x)^2 \rangle$ の値は使わない．測定値の散らばり具合が，統計学的に受容できるかどうか（つまり，既知の σ_i^2 と矛盾しないかどうか）は，**カイ二乗検定** (χ^2-test) によって調べることができる．カイ二乗検定に関しては，p.102 の §7・4 で詳しく述べるが (p.209 のデータシートのカイ二乗分布の項も参照せよ)，とりあえずこの節で試しに使ってみることにする．まず，自由度は $n-1$ に等しく，χ^2 は次式で与えられる．

$$\chi^2 = \sum_{i=1}^{n} \frac{(x_i - \langle x \rangle)^2}{\sigma_i^2} = \frac{\langle (\Delta x)^2 \rangle}{\hat{\sigma}_{\langle x \rangle}^2} \qquad (5 \cdot 22)$$

ここで，$\langle (\Delta x)^2 \rangle$ は，(5・20)式の加重平均により求めたものであることに注意せよ．また，上式の最後の式は，(5・21)式を用いて求めた．χ^2 の値は，自由度の値 $n-1$ の近傍にあるはずである．それがどれくらい離れているのかは，累積カイ二乗分布によって与えられる〔データシートのカイ二乗分布の項（p.209）を参照〕．

σ_i の正確な値はわからなくても，測定値の数が十分多ければ，$\langle (\Delta x)^2 \rangle$ を使って $\hat{\sigma}_{\langle x \rangle}$ の値を求めることができる．そこで，$\chi^2 = n-1$ と仮定すれば，

$$\hat{\sigma}_{\langle x \rangle}^2 = \frac{\langle (\Delta x)^2 \rangle}{n-1} \qquad (5 \cdot 23)$$

となる．この式は，当然だが同じ重みの互いに独立な標本の場合にも当てはまり，したがって p.64 の (5・13)式と同じになる．

どちらの方法を使うかは，使う人しだいである．分散の見積りが信頼できない場合は，2番目の方法を使うとよい．間違いを避けたければ，二つの方法で得られるそれぞれの不確かさのうち，大きい方をとればよい．

5・7 ロバストな推定

これまでの節ですでに説明したように,標準偏差や標準誤差などのパラメーターを推定するときに,データの**外れ値**(outlier)は結果を大きく左右する.その理由は,偏差の二乗を用いるためであり,外れ値が一つでもあれば,二乗和に大きく影響する.偏差がきわめて大きく,したがってめったに測定されることのないデータは,排除してよい場合がある(§5・7・1を参照せよ).ところで,前節までに扱ったいろいろな推定値を求めるための手法のなかには,正規分布したデータについてだけ有効なものがある.たとえば,スチューデントのt分布に基づいて信頼区間を求める方法などがその例である.一方,現代統計学では**ロバスト**(robust)法とよばれる手法が開発されている.それを用いれば,データ系列を扱うときに,外れ値の影響を小さくすることができ,また解析結果がデータの分布関数の種類にあまり左右されないようにすることができる.そうしたロバスト法は,データの**順位序列**(rank)に基づいている(いわゆる品等法,あるいは順位法).本書では,これらの手法については手短に紹介するだけにとどめるので,詳細については文献を参照されたい(Petruccelli *et al.*, 1999;Birkes and Dodge, 1993;Huber and Ronchetti, 2009).

5・7・1 外れ値の排除

測定値のなかには,予測された範囲を外れるものがでてくることがある.これにはランダムなゆらぎが原因している場合があるが,実験誤差あるいは実験ミスの可能性もある.もしそうであれば,解析を始める前にそのデータ点を排除してもまったく問題はない.そうした際の,合理的でしかもしばしば使われる判断基準は,偏差が2.5σを超えた場合というものである.しかし,そうしたデータの排除が許されるのは1回だけである.また,その判断には慎重さが求められる.その理由は,データ点を排除するかどうかの選択が,ある特定の測定値が実験目的に適するかどうかといった主観的な判断に左右されるからである.もちろん,データを排除する代わりに,測定を繰返した方がより望ましい.そうすれば,誤差の原因や実験ミスが明らかになるかもしれない.測定を繰返した結果,再び予測された値から大きく外れた値が得られれば,研究に値する興味深い現象の手がかりをつかんだといえるかもしれない.

2.5σという判断基準には,かなり任意性があり,基準として3σを使う研究者も少なくない.どんな基準にするかは,その基準値を超えた値がランダムに出現する

確率は，たとえば5%以下といったように，ほとんど起こることはなさそうだということで判断すればよい．しかし，そのように判断基準を決めようとしても，基準の値はデータ系列のデータ点数に依存する．たとえば，正規分布を仮定すれば，データが一つだけ2.5σを超える確率は1%をわずかに超える程度であるが，20個あるデータ点のなかの少なくとも一つが2.5σを超える確率は，20%を超えてしまう．一つ目の例は起こりそうにないが，二つ目の例は測定値がランダムに抽出された標本だとすると容易に起こりうる．データシートの正規分布の項 (p.215 参照)には，n個のデータ点のうち少なくとも一つが区間 $(\mu-d, \mu+d)$ の外側に出現する確率（**両側基準**，two-sided criterion あるいは double-sided criterion）を，いろいろな d/σ の値に対してまとめた表を示した．また，n個のうち少なくとも一つのデータが $\mu+d$ より大きな値となる確率（**片側基準**，one-sided criterion あるいは single-sided criterion）についても同様にまとめた表を示した．片側基準で確率5%限界を採用すれば，データ点数が10個以下の場合は，基準は2.5σでよい．また，データ点数が10から50個程度までならば，3σがよさそうで，50から数百個程度までなら，3.5σが最良の選択といえよう．

5・7・2 品 等 法

確率分布の平均の推定値は測定値の平均値に等しい，とするのがふつうである．一方，元の確率分布が対称性の高い形をしているものの，正規分布かどうか不明な場合は，測定値のメジアン（中央値）を平均の推定値とすることもできる．データ点数が多ければ結果は同じになるが，データ点数が少ない場合は，メジアンの方が平均値に比べて外れ値の影響は受けにくい．メジアンを使うと，正の偏差をもつデータの数と負の偏差をもつデータの数は互いに等しくなるので，メジアンを求めるには，偏差の符号だけに注目すればよい．

a. 偏差の符号から求めた信頼区間　偏差の符号から信頼区間を推定するには，すべての偏差のなかで符号が正となる偏差の数に基づいた二項分布を利用すればよい．ここに，昇順に並んだ五つの測定値 x_1, x_2, x_3, x_4, x_5 がある．平均の推定値 $\hat{\mu}$ としては，メジアンである x_3 を当てることにする．さて，$\mu<x_1$ となる確率はいくらだろうか．その場合，偏差の符号は＋＋＋＋＋であり，符号がプラスとなる確率を50%として，5個の正符号が並ぶ二項確率は以下のようになる（§4・3を参照せよ）．

$$p(\mu < x_1) = 2^{-5}\binom{5}{5} = \frac{1}{32} \tag{5・24}$$

$\mu > x_5$ のときにも同じ確率が得られるので，区間 (x_1, x_5) の信頼水準は 30/32＝94％である．μ が x_2 と x_4 の間にあるときは，偏差の符号は－－＋＋＋あるいは－－－＋＋となるので，このときの二項確率は，

$$p(x_2 < \mu < x_4) = 2^{-5}\binom{5}{3} + 2^{-5}\binom{5}{2} = \frac{20}{32} = 63\% \tag{5・25}$$

となる．この例では，わずかな個数の測定値しかないので，たとえば信頼水準を具体的に 90％と決めておいても，それをちょうど満たす信頼区間を決めることはできない．この方法はロバストではあるが，同時にかなり不正確である．データ点が正規分布から抽出された標本になっているという何らかの証拠があれば，"古典的な"パラメーター推定法を使った方がよほど正確である．また，それに合わせて標準偏差も報告したければ，ロバストな手法で新たに標準偏差を見積ることは可能である．それには，累積分布関数を解析して，そこから 68％信頼区間を抽出することで求めることができる（p.58 の §5・1 を参照せよ）*．

b. ブートストラップ法 最後に，分布に依存しないもう一つの方法であるブートストラップ法について簡単に言及しておく．この方法は，抽出されたデータの元になる確率分布について何の仮定も置くことなしに，データ系列に基づいて平均の推定値の近似的な確率分布（サンプリング分布）を求めるために開発されたものである．それは，Efron and Tibshirani (1993) に説明があるように，1979 年のことであった．この手法は簡便ではあるが，コンピューターを使うことによってはじめて実際に利用することが可能となった．

未知の確率分布から抽出された重みが等しく互いに独立な n 個の標本から成るデータ系列があり，その平均値は，元の分布の平均のよい推定値になっているものとする．そこで，いくつかの同様なデータ系列からそれぞれの平均値を生成して平均のサンプリング分布を作成し，平均の推定値の精度について詳しく調べたい．しかし，それが可能となるのは，元の分布から新たに抽出した測定値から成る多数の

---

* 区間 $(\mu-d, \mu+d)$ が 68％信頼区間に等しくなるような偏差 d は，厳密には標準偏差とは異なる．またさらに，正規分布から導かれる何らかの信頼区間に基づく d の値によって標準偏差が決まることを意味するものでもない．d の値が，誤差限界の範囲で標準偏差の最良推定値に等しいかどうかは，慎重に検討してみる必要がある．

データ系列を得ることができる場合に限られる．しかし，データを新たに得ることができなければ，今ある n 個の標本に基づいて調べるしかない．そこで，はじめにあった n 個の測定値のなかから無作為に抽出した n 個の"測定値"から成る多数のデータ系列（たとえば，3000 系列）を生成してみよう．ただしその際，**復元抽出** (sampling with replacement)，つまり特定の値を選ぶ確率を変えない条件で抽出を行う．こうして得られたデータ系列ごとに平均値を求めると，得られた 3000 の平均値は，新たに測定を行って得られる 3000 組のデータから実際につくるサンプリング分布のよい近似となる．

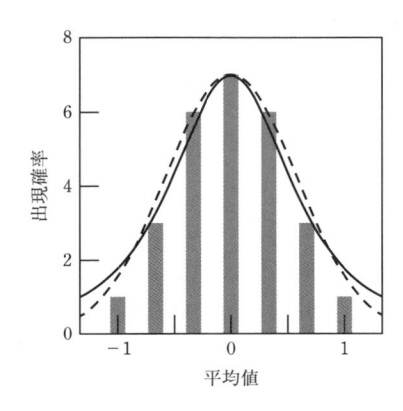

測定値の数が少ない場合は，あらゆる可能なデータ系列（n^n 通り）を生成してみることは可能だが，データ点数が 5 以上になると，人間の手には負えなくなる．図 5・4 には，$-1, 0, 1$ のいずれかの値をとる三つの数から成るデータに対するブートストラップ分布を模式的に示した．この場合，平均値としては異なる七つの値が考えられる．同図には，同様の三つの数から成るデータ（したがって，自由度は 2）に対するスチューデントの t 分布を，$\hat{\mu}=0$ および $\hat{\sigma}=1$ として，あわせて描いた．

図 5・4 三つの値，$-1, 0, 1$ の組合わせでできたデータの平均に関するブートストラップ分布のヒストグラム（縦軸の目盛は，1/27 を単位としてある）．実線：自由度 2 のスチューデントの t 分布，破線：従来の手法で求めた標準偏差をもつ正規分布．二つの分布とも，最大値が一致するように描いてある．

平均に関して，従来の手法によって求めた標準誤差は，$\hat{\sigma}/\sqrt{3}=0.577$ に等しく，ブートストラップ分布の標準誤差は，$\sqrt{2}/3=0.471$ である．後者はまた，バイアスが掛かったときの推定式 $\sqrt{\langle(\Delta x)^2\rangle}/\sqrt{3}$ を用いて計算した平均の標準誤差でもある．同図には，$\sigma=0.577$ の正規分布も比較のために描いてある．この図を見てわかるように，分布の形が対照的な場合には，正規分布とブートストラップ分布はよく一致するが，t 分布は両脇がやや広がった形となる．データが三つしかなく，元の分布が

正規分布かどうかわからない場合は，スチューデントのt分布を適用してよいか判断はできない．

さてこうして見てくると，ブートストラップ[*1]という言葉には，それなりの意味がありそうである．ブートストラップ法を使えば，何もないところから何か新しいものをつくり出せるという訳だが，自分で左右のブーツのつまみ革（ブートストラップ）を引っ張り上げて，それでもって自分自身を宙に浮かそうとするようなものだから，もちろん原理的にはありえない話ではある．では，ブートストラップ法を使って，何か新しいものが手にはいっただろうか．答えはNO！である．ブートストラップ法は，与えられた分布からn個の標本を取出してきて，その平均値をずらりとたくさん並べてくれるだけである．それは，元のn個のデータ点に対応したn通りのデルタ関数[*2]のなかから，適当にn個を選んで，それを足し合わせるのと同じことである．こうして得られた平均値の分布関数は，第Ⅱ部A5で取上げた方法で計算することができ，その平均と標準偏差は元のデータによって完全に決まる．実際に，ブートストラップ分布の平均は，元のデータの平均に等しく，またブートストラップ分布の標準偏差は元のデータの根平均二乗偏差である$\sqrt{\langle(\Delta x)^2\rangle}$を$\sqrt{n}$で割ったものに等しい．つまり，平均の標準誤差に関する**バイアス**（bias）が掛かった推定値に等しい[*3]ということだが，実は，根平均二乗偏差を$\sqrt{n-1}$で割ったバイアスのない推定値の方がより適切である．バイアスのない標準偏差をもつようなブートストラップ分布を実現するには，元のデータから取出す標本の数をn個ではなく，$n-1$個としてデータセットをつくればよい．

という訳で，ブートストラップ法自体には，たいして意味はなさそうである．確かに，平均の最良推定値やその標準誤差を求められるかといえば，それはできそうにない．しかし，与えられた信頼水準の信頼区間は求められるので，無意味というわけでもない．ただ，ブートストラップ分布は，もともとあったデータの最大値から最小値までの間にしか標本を生成することができない，という事実を忘れてはならない．それは，元の確率分布が，もともとあったデータの最大値や最小値の外側（のずっと先）まで裾を広げているのと対照的である．ブートストラップ分布の裾を含む部分の信頼限界は，不自然なほど広がり方が小さくなるのは当然のことであ

---

*1 訳注：ブーツ（長靴）の後ろについたループ状のつまみのことで，ブーツを履くときに指や専用の鉤棒を引っ掛けて引っ張り上げるのに使った．専門用語として使われる場合には，他人からの手助けなしに自力でやり遂げるというニュアンスをもっている．
*2 訳注：分散の極限が0の正規分布と考えてよい．
*3 訳注：自由度は，$n-1$である．第Ⅱ部A2およびA7を参照せよ．

り，そのために間違った答えを出さないように注意が必要である．いろいろな方法で求めた推定値の違いを，練習問題 5・6 を通じて比較検討してみるとよい．

> 与えられたデータ集合から無作為に抽出した標本の平均値が格納された配列を生成するプログラムを，p.182 の **Python コード 5・1** に示した．

> データ解析プログラム report を，p.183 の **Python コード 5・2** として示した．これを用いることにより，互いに独立なデータが与えられると累積分布（確率尺度で）や，データ点と（もし，あれば）標準偏差のグラフを描くことができる．また，データの特性値（歪度と過剰尖度も含む）を出力し，外れ値を明示することができる．さらに，有意差検定つきのドリフト分析や標準偏差が与えられた場合のカイ二乗分析といった第 7 章で説明する関数を実行することができる．プログラムのアップデートに関しては，著者のホームページを参照してほしい．

第 5 章のまとめ

測定値 x_i の分布と，その測定値が標本として無作為に抽出された元の（直接知ることはできない）分布との違いがはっきりわかったと思う．測定値に関する特性値としては，データ数 n，平均値 $\langle x \rangle$，平均二乗偏差 $\langle (\Delta x)^2 \rangle$，根平均二乗偏差 $\sqrt{\langle (\Delta x)^2 \rangle}$ などのほか，順位序列に基づく，範囲，メジアン，パーセンタイル（百分位数）などがある．これらの特性値から，元の分布のパラメーターである平均と標準偏差の最良推定値 $\hat{\mu}$ および $\hat{\sigma}$ を求めることができる．重要な量の一つに，平均の推定値の不確かさ $\sigma_{\langle x \rangle}$（標本平均の標準誤差）があり，これは $\hat{\sigma}/\sqrt{n}$ に等しい．これらすべての特性値は，n 個の標本から成るデータセットが互いに独立な場合にのみ意味をもつ．標本どうしに相関がある場合は，分散の推定値はいくらか大きくなり（$[(n-1)/(n-n_c)]$ 倍），また標本平均の標準誤差はかなり大きくなる（n_c 倍）．ただし，n_c は相関長である．異なる統計的重みをもつデータの平均を求める場合は，どのような平均を求めるにせよ，重みの総和を w として，それぞれのデータには重み w_i/w を掛けてやる必要がある．

解析の結果は，信頼区間を用いて表現することができる．信頼区間としては，片側基準と両側基準の 2 通りの表し方がある．たとえば，両側基準で 90% 信頼区間は，元の分布の第 5 パーセンタイルから第 95 パーセンタイルまでの推定範囲とし

て得られる．確率変数が正規分布に従う場合，あらかじめ σ の値がわかっていれば信頼区間は正規分布から求められるし，またわかっていなければスチューデントの t 分布から求めればよい．標本平均の信頼区間を求める別の方法としては，測定データに基づいてブートストラップ分布を生成する方法もある．元の分布について何の仮定も置かないこの方法には，利用にあたって注意点があったことを思い出そう．

最後に，あらかじめ個々のデータ点の誤差について確かな推定値がわかっているときは，カイ二乗分布を用いて測定値のバラツキがその推定値と同程度かどうかを調べることができる．バラツキが異常に大きいときは，誤差の何らかの原因を見過しているのがふつうである．

練 習 問 題

5・1 p.8 の表 2・1 のデータは，正規分布から抽出されたものといえるか．いえるのであれば，図 2・1 の累積分布関数のグラフに直線をひいて，$\hat{\mu}$ および $\hat{\sigma}$ の値を求めよ．

5・2 (5・6)式を証明せよ．

5・3 すべての x からある定数を引いたうえで，(5・6)式を用いて平均二乗偏差を計算する場合，さらに何か修正は必要か．

5・4 平均が c，標準偏差が 1 であるような正規分布をした 1000 個の確率変数を生成し，(5・4)式および(5・6)式から計算したそれぞれの根平均二乗偏差の値を比較せよ．また，c の値を，1.e6, 1.e7, 1.e8, 1.e9 などと変えてみよ．

5・5 ある物理量に関する n 個の互いに独立な測定値から，平均値 75.325 78 と平均二乗偏差 25.643 06 が得られた．a) $n=15$, b) $n=200$ の二つの場合について，元の確率分布の平均と標準偏差の最良推定値を正しい桁数で求めよ（p.65 の表 5・1 を参照せよ）．

5・6 ほぼ直線で平坦なドイツのアウトバーンを使って，自動車のスピードメーターを較正してみよう．実験の妨げになるほかの車はほとんどなく，スピードメーターに表示される値が正確に 130 km/h を保つように君が運転をする．助手席の友達が，正確に 1 km ごとにある標識を目印として 2 km の区間を走り抜ける時間をストップウォッチで計測した．得られた測

定値（単位は秒）が，29.04, 29.02, 29.24, 28.89, 29.33, 29.35, 29.00, 29.25, 29.43 の九つである*．

1. 九つの計測時間から，以下の特性値を計算せよ．
    a) 平均値
    b) 平均値からの平均二乗偏差
    c) 平均値からの根平均二乗偏差
    d) 測定値の範囲，メジアン，第1および第3四分位数
2. 元の分布関数に関する以下の特性値の最良推定値を計算せよ．
    a) 平均 $\hat{\mu}$
    b) 分散 $\hat{\sigma}^2$
    c) 標準偏差 $\hat{\sigma}$
    d) 平均の推定値に関する標準誤差
    e) 最後の三つの測定値の誤差
3. この自動車の真のスピード（の最良推定値）はいくらか．その推定値の標準誤差はいくらか．スピードメーターの偏差の大きさと，その偏差の相対誤差はそれぞれいくらか．すべてについて，正しい有効桁数で答えよ．
4. スピードの偏差は ±0.5 km/h 以下だったとして，そのことが実験結果に影響を与えるだろうか．
5. バイアスの掛かったブートストラップ法によって，平均の信頼できる標本分布が得られると仮定して，2000標本のブートストラップ分布を生成し，2 km の区間を走行するのに要した時間の 80%，90%，および 95% 信頼限界を計算せよ．
6. 上のブートストラップ分布を用いて，この自動車の速度に関する 80%，90%，および 95% 信頼限界を計算せよ．
7. 元の分布が正規分布 $N(\hat{\mu}, \hat{\sigma})$ であると仮定して，この自動車の速度に関する 80%，90%，および 95% 信頼限界を計算せよ．
8. 元の分布が標準偏差の不明な正規分布であると仮定して，スチューデントの t 分布からこの自動車の速度に関する 80%，90%，および 95% 信頼限界を計算せよ．

---

* これらの数値は，実際の実験データである．

5・7 CODATA委員会[*1]では，アボガドロ数の改訂に向けた作業を行っている．以下のデータの信頼性を再検討してみよう．
- 既知の数値（p.219のデータシートの物理定数の項を参照）
- 研究者Aが一連の実験に基づいて報告した値 $6.022\,141\,48(75) \times 10^{23}$
- 研究者Bが一連の実験に基づいて報告した値 $6.022\,142\,05(30) \times 10^{23}$
- 研究者Cが一連の実験に基づいて報告した値 $6.022\,142\,00(12) \times 10^{23}$

加重平均とその標準誤差を計算せよ．

5・8 図5・4のヒストグラムの元となるブートストラップ分布を，確率スケールでプロットせよ．この分布は，正規分布にほぼ等しいといえるか．このグラフから平均と標準偏差を求め，本文中に示した値と比較せよ．

5・9 $-1, 0, 1$のなかから等確率で無作為に抽出された三つの標本について，特性関数を用いてそれらの和の分布関数を決定せよ．ただし，三つの標本値の和に対する分布関数は，それらの標本の分布関数のたたみ込み[*2]に等しいことに注意せよ．分散を求め，その結果を図5・4と比較せよ（この問題はやや難易度が高いので，第II部A3およびA5を学んでから取組むとよい）．

[*1] 訳注：科学技術データ委員会；国際科学会議（ICSU）によって設立され，基礎物理定数など，科学と技術に関するあらゆるデータについて信頼性の向上や改訂などを行っている．

[*2] 訳注：p.147の第II部A3を参照．

6

誤差を含むデータの
グラフ化

　温度のような独立変数の値を何度か変えて実験をすることはよくある．知りたいのはそうした独立変数と測定値との関係であるが，厄介なことに，実験で得られた値には統計的なばらつきが含まれているのがふつうである．知りたい関係について理論式が事前にわかっていて，実験結果から未知のパラメーターを決定することはよくある．また，実験によって理論を検証したり，理論の修正を行ったりすることもよくある．この章では，簡単なグラフを用いて実験データをわかりやすく表示して，そこからいろいろな関数関係を定性的に評価する方法について概観したい．関数関係がグラフ上で直線となるような工夫ができれば，そこから容易にいろいろなことが読み取れるようになる．パラメーターの不確かささえも，グラフから見積ることは可能である．それでも正確な答えが必要だというのであれば，この章は飛ばして，つぎの章に進んでよい．

6・1 はじめに

　測定データの違いがランダムに変動する部分だけという一連の測定では，その変動する部分さえなければ，同じ値が得られるはずである．前の章では，そうした一連の測定値の取扱い方について学んだ．さて，ある量 y_i を測定すると，その値が何らかの独立変数 x_i の関数 $f(x_i)$ となっていることはきわめてふつうのことである．そうした独立変数には，時間や温度，距離，濃度，あるいは仕分け箱の番号などがあるが，測定しようとする量が，これらの変数のいくつかから成る関数になっていることも，またよくあることである．独立変数は，ふつう，実験をするときにうまく制御することができるので，高い精度でその値を知ることができる．一方，

従属変数，つまり測定値は，偶然誤差の影響を受けやすい．そこで，
$$y_i = f(x_i) + \varepsilon_i \tag{6・1}$$
のように表すことができる．ここで，x_i は独立変数（独立変数の数は複数の場合もある），また ε_i は確率分布から得られるランダムな標本である．

関数 f の理論式にいくつかの未知パラメーター $\theta_k (k=1,\cdots,m)$ が含まれるとすれば，その一般式は次式のように表される．
$$y = f(x, \theta_1, \cdots, \theta_m) \tag{6・2}$$
簡単な例としては，
$$y = ax + b \tag{6・3}$$
のような線形関係があげられるが，
$$y = c \exp(-kx) \tag{6・4}$$
のように，もっと複雑な関数の場合もある．そうした関数も，簡単な変換により線形化が可能な場合は少なくない．上の例でいえば，
$$\ln y = \ln c - kx \tag{6・5}$$
とすれば，$\ln y$ と x との間の線形関係が得られる．こうした線形化が求められる理由は，測定値をさっとプロットするだけで，推定した関数関係が適切かどうかをグラフからすぐに判断できるからである．§6・2 では，いくつかのそうした具体例を示す．

線形関係 $y=ax+b$ に話を戻そう．測定値として，n 個のデータ点 (x_i, y_i)，$i=1,\cdots,n$ があり，測定値 y_i は次式のように $f(x_i)$ にほぼ一致するものとしよう．
$$y_i \approx f(x_i) \tag{6・6}$$
ここで，$f(x)=ax+b$ が予測される関係である．測定値 y_i が，この関数値から可能な限り外れないようにパラメーター a および b を求めたい．しかし，それには何をすればよいのだろうか．関数値に対する測定値の偏差 ε_i は，
$$\varepsilon_i = y_i - f(x_i) \tag{6・7}$$
であるが，この偏差が偶然誤差だけによって生じていれば，この偏差 ε_i は，一般に平均がゼロの確率分布から無作為に抽出された標本になっていると考えることができる．実際には，この分布は正規分布であることが多い．こうしたパラメーター推定を正しく行うには，第 7 章で扱う最小二乗法による当てはめを用いるのがよい．それを実行するにはコンピューターがあると便利である．

だからといって，最小二乗法を厳密に適用することがどんな場合でも必要という訳ではない．線形関係が現れるようにデータをプロットすればどんな場合にも役に

立つからである．直線になっているかどうかは，目視で十分に判断できる．したがって，データ点を通るように"目見当"でひいた直線でも，十分な精度の答えが得られることは多いし，データ点の間をぬって通る直線をあれこれひいてみれば，パラメーター a と b の誤差を見積もることさえ可能となる．昔ながらのグラフ用紙を使って，さっとグラフを描いてみるのも，まんざら捨てたものではない．データ点がたくさんあるときや，それぞれのデータ点の重みが異なる場合，あるいは高い精度が要求される場合など，コンピューターは大いに役に立つ．しかし，測定値の精度の低さを補ってくれる訳ではないし，想定した関数関係に何か付加情報をもたらしてくれる訳でもない．十分な説明書がないプログラム，あるいはどんな作業をしているのかよくわからないプログラムには要注意である．

この章では，実験データをグラフ化して簡便に解析する方法について説明するとともに，解析結果の誤差についても簡単に言及する．そうしたグラフを用いた解析法が，問題を解くうえで役立つかどうかを常に自問自答していけば，解析モデルとデータの関係について，よりよい知見が得られることは少なくない．まずは簡便な解析が済んでから，コンピューターを用いてより正確で詳細な解析を行うのがよい．

6・2 関数の線形化

この節では，関数の線形化について，いくつかの例を紹介する．

 i) $y=ae^{-kx}$: $\ln y=\ln a-kx$ (例：1次反応における時間の関数としての濃度，放射性同位元素の壊変に伴う1分間当たりのカウント数．) x に対して $\ln y$ を線形目盛でプロットするか，x に対して対数目盛で y をプロットせよ．手書きでプロットするのであれば，片対数のグラフ用紙（座標軸の一方が線形目盛，他方が対数目盛）を使うとよい．簡単な Python コードを利用してプロットするのでもよい．p.18の図2・7は，そのようにして得られたグラフの例である．傾き（この例では，$-k$）は，線分を適当に選び（長くとれば，それだけ精度が上がる），端点の座標 (x_1, y_1) および (x_2, y_2) を読み取って $\ln(y_2/y_1)/(x_2-x_1)$ を計算すれば得られる．線分の端点として，対数軸上で10倍に対応する点（たとえば，$y=1$ および $y=10$ を通る点）をとれば，傾きは $\ln 10/(x_2-x_1)$ と簡単に求められる．

 ii) $y=a+be^{-kx}$: $\ln(y-a)=\ln b-kx$　まずはじめに，x が大きいときの y の値から a を求め，つぎに，x に対して $y-a$ を対数プロットする．プロットが直

線にならないときは，a の値をいくらか（無理のない範囲で）調整するとよい．

iii) $y = a_1 e^{-k_1 x} + a_2 e^{-k_2 x}$　k_1 と k_2 の値が大きく異なる場合を除いてグラフ的処理は難しい．コンピューターを使っても，やはり簡単ではない．最初に，"変化が遅い" 成分（小さい方の k を含むもの）を見積もり，それを y から引いて，残った部分を対数目盛でプロットする．図 6・1 は，表 6・1 のデータをプロットし，以上の方法で解析した結果である．各データ点の y 座標方向の標準誤差は，±1 である．

表 6・1　二つの指数関数の和で表された測定値 y．
z の値は，"変化の遅い" 指数関数の成分を除いたものである．y の標準誤差は，±1 である．

x	y	z	x	y	z
0	90.2	65.2	40	11.7	1.7
5	62.2	39.9	50	8.8	0.9
10	42.7	22.9	60	6.9	0.6
15	30.1	12.4	70	4.6	−0.4
20	23.6	7.8	80	5.0	1.1
25	17.9	3.8	90	2.9	−0.3
30	14.0	1.5			

表 6・1 の z の値は，y の値と図 6・1 の左図に示す直線から求めた値の差である．この直線は目見当でひいたものであるが，点 (0, 25) と点 (100, 2.5) を通ることから，$k_2 = [\ln(25/2.5)]/100 = 0.023$ となる．したがって，この直線の方程式は，$y = 25 \exp(-0.023x)$ となる．一方，右の図は，z の値をプロットしたものであり，どの点もほぼ直線にのっている．この直線は，点 (0, 65) および点 (38, 1) を通るので，$k_1 = (\ln 64)/38 = 0.11$ となる．したがって，すべてのデータ点を反映した近似関数は，次式のようになる．

$$f(x) = 65 e^{-0.11x} + 25 e^{-0.023x} \tag{6・8}$$

こうしたグラフを使った簡便な方法では，上記の方程式のパラメーターの誤差に関して，確かな推定ができるだけの十分な精度を得ることはできない．しかしながら，**非線形最小二乗法**（nonlinear least squares fit）を用いてパラメーターを推定するための初期値としては，申し分のない精度といえよう．非線形最小二乗法を用いる当てはめは，第 7 章で扱う．そうした方法は，コンピューターを使って行う必要がある．適切なプログラムを用いれば，高精度の当ては

めが実現できるばかりでなく，パラメーターの誤差や相関に関する推定値を得ることも可能である．

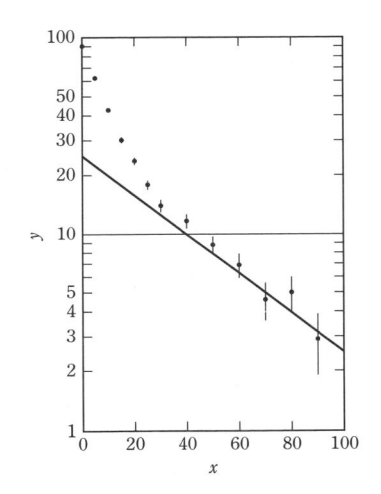

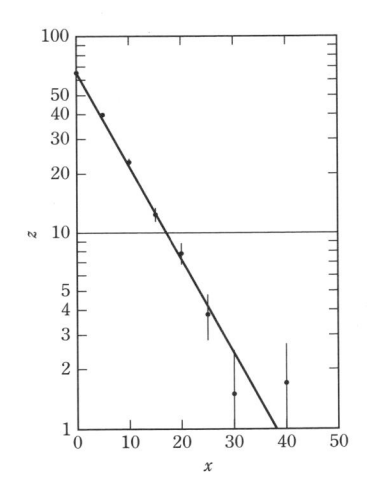

図 6・1 単調減少する二つの指数関数の和に相当するデータのグラフを用いた解析結果．左の図は，独立変数 x に対してデータ点 y を対数目盛でプロットしたものであり，直線は"最も変化の遅い"成分を近似したものである．右の図には，その"変化の遅い"成分とデータ y との差 z をプロットしてある．x の目盛が，左の図とは異なることに注意せよ．

iv) $y=(x-a)^p$ （例：液体の等温圧縮率 χ は，臨界温度付近では温度の関数として $\chi=C(T-T_c)^{-\gamma}$ のような挙動をする．γ は臨界指数．）$\log(x-a)$ に対して $\log y$ をプロットする（あるいは，両対数目盛で $(x-a)$ に対して y をプロットする）．a が未知のときは，グラフが直線になるように a の値をいくらか変化させてみるとよい．直線の傾きから p が求められる．

v) $y=ax/(b+x)$ （例：溶液中の溶質濃度 c に対する溶質の吸着量 n_{ads}，あるいはラングミュア吸着における気相中の圧力 p に対する溶質の吸着量 n_{ads} は，いずれも $n_{\text{ads}}=n_{\max}c/(K+c)$ の関係式で与えられる．また，ミカエリス・メンテン型の反応*の反応速度 v は，基質濃度 $[\text{S}]$ の関数として $v=v_{\max}[\text{S}]/(K_{\text{m}}+[\text{S}])$ となる．）両辺の逆数をとると，この方程式は $1/y$ と $1/x$ の間の 1 次式の関係

---

* 生化学ではおなじみだが，物理や機械工学の人間にとってはアブラカダブラのような呪文に聞こえるに違いない．詳しく知りたいときは，生化学の教科書を見てほしい．読者自身の専門分野で同様な方程式が出てこないか探してみるのもよいだろう．

になる．

$$\frac{1}{y} = \frac{1}{a} + \frac{b}{a}\frac{1}{x} \qquad (6\cdot 9)$$

酵素反応では，$1/v$ 対 $1/[S]$ のグラフを，ラインウィーバー・バークプロット[*1]とよぶ．このほかにも，二つの方法で線形関係を導くことができる．一つは，x に対して x/y をプロットするもの（ヘインズ法），

$$\frac{x}{y} = \frac{b}{a} + \frac{x}{a} \qquad (6\cdot 10)$$

もう一つは，y に対して y/x をプロットするもの（イーディー・ホフステー法）である．

$$\frac{y}{x} = \frac{a}{b} - \frac{y}{b} \qquad (6\cdot 11)$$

どちらの方法を選ぶかは，データ点の不確かさの程度による．x または y の逆数を使うので，元の値が小さいときはグラフ上のプロットが大きな意味をもつこととなり，注意が必要である．

例：ウレアーゼの反応速度

表 6・2 に基づいて[*2]，酵素ウレアーゼによる尿素の分解反応速度 v の実験値を y 軸にとり，尿素の濃度 $[S]$ を x 軸にとることにより，図 6・2 および図 6・3 が得られる．ラインウィーバー・バークプロットの x 軸切片から，(6・9)式の b に相当す

表 6・2 酵素ウレアーゼを用いた尿素分解反応における反応速度 v の尿素濃度 $[S]$ 依存性．逆数は，ラインウィーバー・バークプロットの便宜のために示した．$1/v$ の標準誤差は，σ_v/v^2 である．

$[S]$ mmol L^{-1}	$1/[S]$ mmol^{-1} L	v mmol min^{-1}	σ_v mg^{-1}	$1/v$ mmol^{-1} min	$\sigma_{1/v}$ mg
30	0.03333	3.09	0.2	0.3236	0.0209
60	0.01667	5.52	0.2	0.1812	0.0066
100	0.01000	7.59	0.2	0.1318	0.0035
150	0.00667	8.72	0.2	0.1147	0.0026
250	0.00400	10.69	0.2	0.09355	0.0018
400	0.00250	12.34	0.2	0.08104	0.0013

[*1] たとえば，Price and Dwek (1979) を参照せよ．
[*2] 出典 Price and Dwek (1979)．ここでは，原著のデータにノイズを加えてある．

る K_m の値が得られ，y 軸切片からは，a に相当する v_{max} が得られる．これらのグラフからパラメーターの誤差を見積ったとしても，信頼できる値は得られないが，グラフから求めたパラメーターの推定値を初期値として使って，非線形最小二乗法による解析を行うとよい．

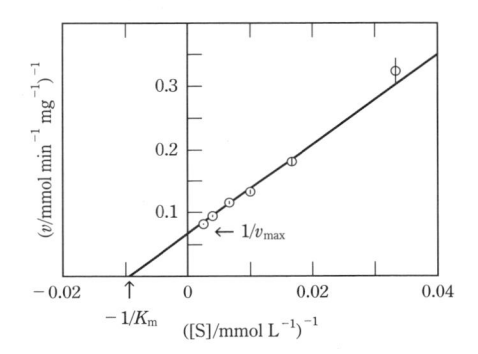

図 6・2　表 6・2 のデータに対するラインウィーバー・バークプロット

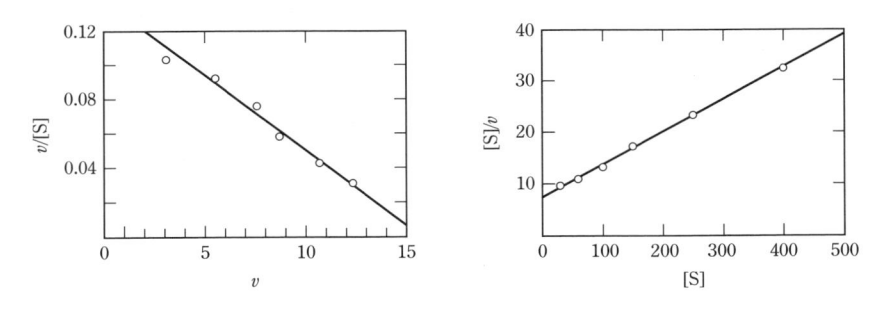

図 6・3　表 6・2 のデータに基づくイーディー・ホフステープロット（左）とヘインズプロット（右）

6・3　グラフを使ったパラメーターの精度の推定

§6・2 では，線形関係が得られるようにデータをプロットし，それぞれのデータ点を最もよく通る直線をひくことにより，1 次関数の二つのパラメーターの値を推定できることを学んだ．この節では，そうしたパラメーターの誤差の簡便な見積り方について学ぶ．たいていの場合は，それで十分である．もし十分でなければ，より精度の高い最小二乗法が必要となる．

誤差の見積りが可能となるように，グラフにエラーバーを描き入れるとよい．横軸にとった独立変数 x の誤差が無視できるのであれば，垂直方向に $y-\sigma_y$ から $y+\sigma_y$ までのエラーバーを表示するだけで十分である．x の誤差が無視できない場合は，水平方向にも $x-\sigma_x$ から $x+\sigma_x$ までのエラーバーを表示する必要がある．主軸の長さが $2\sigma_x$ と $2\sigma_y$ の楕円を使って表示するのも，わかりやすい方法といえる．

データ点を最もよく通る直線とは，すべてのデータ点 (x_i, y_i) のできる限り近くを通るものをいう．そうした直線をひくには，まず第一に，符号を含めた偏差の和がゼロに（近く）なるようにする必要がある．しかし，それだけでは直線は一つに決まらない．すべてのデータ点に対する"重心"*（$\langle x \rangle, \langle y \rangle$）を通る直線なら，どれでも上の条件を満たしているからである．この条件は，すべてのデータ点について大域的に満たされなくてはいけないが，互いに近くにあるいくつかのデータ点に対しても局所的に満たされなくてはいけない．うまく直線をひくには，図 6・4 のように，データ点を二つのグループに分けて，それぞれの重心を通るような直線をひくとよいだろう．

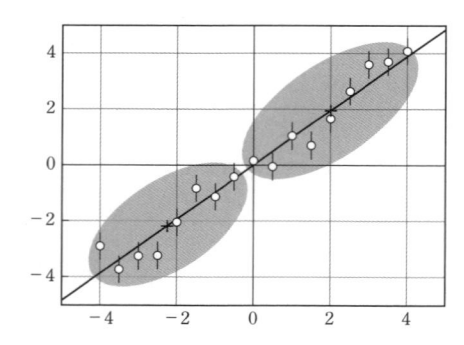

図 6・4 二つのデータ雲の重心を結ぶ直線は，全データに対する線形フィッティングのよい近似になる．

直線 $f(x)=ax+b$ がひければ，パラメーター a および b は，その直線の傾きと y 切片からそれぞれ求められる．ただし，$x=0$ がデータ点群の x の範囲から外れている場合には，b の値を求めるのは難しいかもしれない．そうした場合には，データ点の"重心"（$\langle x \rangle, \langle y \rangle$）を利用するとよい．第 7 章で学ぶように，最良のフィッティング直線はこの重心を通る．したがって，直線の傾き a だけを求めればよい．

$$f(x) = a(x - \langle x \rangle) + b \tag{6・12}$$
$$b = \langle y \rangle \tag{6・13}$$

---

* "重さ"というのは，統計的重みのことだと考えればよい．

6・3 グラフを使ったパラメーターの精度の推定

この方法の利点としては，直線の傾きと定数項それぞれに含まれる誤差には相関がないことである（p.97を参照せよ）．したがって，aとbの誤差はずっと容易に見積ることができる．

パラメーターの誤差を見積るためには，傾きa（図6・5），あるいは定数b（図6・6）を変えて直線をひいてみるとよい．正規分布の性質から判断すると，全体のおよそ2/3のデータ点は，パラメーターを$\pm\sigma$だけ変化させたときに得られる2本の直線に挟まれた領域に存在する．したがって，パラメーターをプラス・マイナス同程度に変化させて（一度に動かすパラメーターは一つだけ），直線が動いた範囲の両外側に全体の約15％ずつのデータ点が残るようなパラメーターの限界を探せば

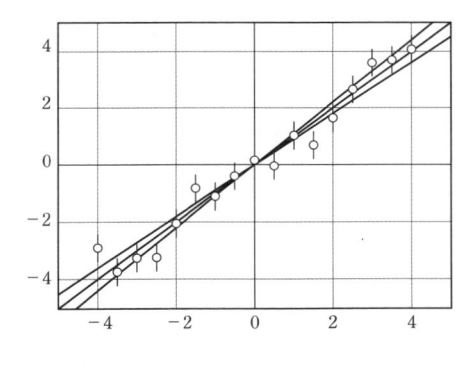

図6・5 "重心"を通る直線の傾きだけを$\pm 10\%$の範囲で変化させたときの線形フィッティング（$a = 1.0 \pm 0.1$）

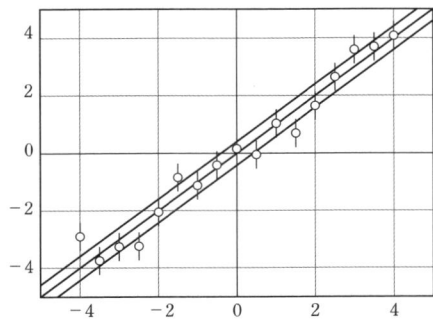

図6・6 "重心"を通る直線の定数項だけを± 0.4の範囲で変化させたときの線形フィッティング（$b = 0.0 \pm 0.4$）

よい．このやり方は，ざっと誤差を見積るうえで大いに役に立つ．しかし，直線からかなり外れたデータ点があるときは，注意が必要である．そうした外れ値の取扱いに関しては，p.68の§5・7で説明したように，原則として解析対象から除外するか，データをとり直すしかない．

6・4 較正データの利用

計測器を用いた作業を想像してみよう．計測器を用いるということは，量 x（たとえば，濃度，電流，圧力）の値を知るために読み取り値 y（たとえば，デジタル表示された数値，メーターの針の振れ，メニスカスの高さ）を得ることである．計測機器が適切に較正されていない場合，つまり，読み取り値が測定したはずの量を確実に正しく反映していない場合には，機器の較正が必要である．そのために必要になるのが較正表であり，より望ましいのは較正曲線である．これらは，量 x についてあらかじめ値が正確にわかっているものをいくつか測定して，その読み取り値を記録して作成する．得られた結果は，表にしてもよいし，プロットした点を結んで曲線グラフにしてもよいし，あるいは，y と x の関係を数式にまとめておくのもよい．また，読み取り値と正しい値との差を示す補正表や補正曲線を作成してもよい．ただし，その差が何を意味するのかを明確にしておく必要がある．というのは，正しい値を得るために補正を加える対象が，ふつうは読み取り値の方だからである．しかし，読み取り値から x の値を求めるにあたって，補正値を引くというやり方もありうる．では実際にどうすればよいのか，また x の誤差はどうやって求めたらよいだろうか．

6・4・1 意味をはっきりさせておけ！

磁気コンパス（方位磁石）を使って正しい方位を読み取るには，一体どうしたらよいのかということに関して，船乗りや航海士たちは，何世紀にもわたって頭を悩まし続けてきた．幸いなことに，近年になって電子機器の助けを借りられるようになり，そうした問題は軽減されるようにはなっている．コンパスの読み取り値（C）には，船の中の磁性体や鉄製品が原因でコンパス自差を生じる．そこで磁方位（M）を求めるには，まずこのコンパス自差をコンパスの読み取り値に上乗せして補正する必要がある．さらに，磁北極の位置が実際の北極とは異なるために磁気偏角*が生じるので，正しい方位（T）を求めるには，さらにこの磁気偏角を足して補正しなければならない．コンパス自差と磁気偏角の値は，プラスの場合にはE（偏東）という記号で，またマイナスの場合はW（偏西）という記号で表す習わしになっている．この符号の意味を間違うと，とんでもない大事故につながる可能性がある

---

* 訳注：磁気偏角は偏差ともいう．本書では統計学用語との混乱を避けるため，磁気偏角とした．磁気コンパスや海図に描かれたコンパス図では，時計まわりに方位角が目盛られている．

ので，どの国の水兵も，補正はどんなときが足し算で，どんなときに引き算をするのかを間違わずに覚えるための語呂合わせをあみ出してきた*．礼儀正しき英国式の語呂合わせは，CADET である．〔"Compass ADd East (to get) True (bearing)；コンパス間ワバ偏東クワエテ方位ヨロシ" 的な語句の頭文字を抜き出して並べたもので，士官候補生あるいは商船学校生徒をさす英語の "cadet" に掛けている〕．コンパス自差にも磁気偏角にも，これが使える．オランダの海軍予備役（KMR）の間で有名なのは，"Kies de Meisjes van Rotterdam；選ぶんだったらロッテルダム娘"〔単語ごとの発音の類推で，コンパス（Kompas）にはプラス自差（deviatie），磁方位（Magnetisch）もプラス磁気偏角（variatie），そしたら方位は間違いなし（Rechtwijzend）との連想である〕．しかし，要注意なのが，米海軍の予備役航海士官たちが使った逆向きの語呂合わせで，"True Virgins Make Dull Company；生娘じゃ一緒に居たって退屈さ"〔これも単語ごとの発音の類推で，正しい方位（True）に磁気偏差（Variation）を加え，さらに磁方位（Magnetic）の補正で自差（Deviation）を足し算すれば，コンパス（Compass）の読みになる，という連想である〕．しかし，補正表の記号も逆にしないと間違いになる．そこで，"Add Whiskey；（仕方がないから）ウィスキーでも注いでくれ"〔偏西は足し算（Add Westerly）で，の語呂合わせ〕も一緒に覚えるのだという．いずれにしても，

表 6・3 アメリカ海軍軍艦クリーブランドのコンパス自差表（1984 年）．この表は，さまざまな船首方位（head）に対する，真の磁方位からのコンパス自差（dev）をまとめたものである．自差の値につけた W（偏西）の記号はマイナスを，E（偏東）の記号はプラスを意味しており，自差の値をコンパスの読み取り値に加えると，船の正しい磁方位が求められる．

head	dev	head	dev	head	dev	head	dev
0	1.5W	90	1.0W	180	0.0	270	1.5E
15	0.5W	105	2.0W	195	0.5E	285	0.0
30	0.0	120	3.0W	210	1.5E	300	0.5W
45	0.0	135	2.5W	225	2.5E	315	2.0W
60	0.0	150	2.0W	240	2.0E	330	2.5W
75	0.5W	165	1.0W	255	2.5E	345	2.0W

---

* 訳注：船舶の舷灯の色は左舷が赤色，右舷が緑色と国際的に決められており，これを覚えるために，日本では "赤玉ポートワイン" などの語呂合わせがある．左舷を "ポート" とよぶのに掛けている．しかし，自差補正に関してこの種の語呂合わせはほとんど聞かれないという．

十分注意してどんな場合でも意味をはっきりさせておけ，ということである．表6・3と図6・7を参照せよ*．

磁気コンパスの自差

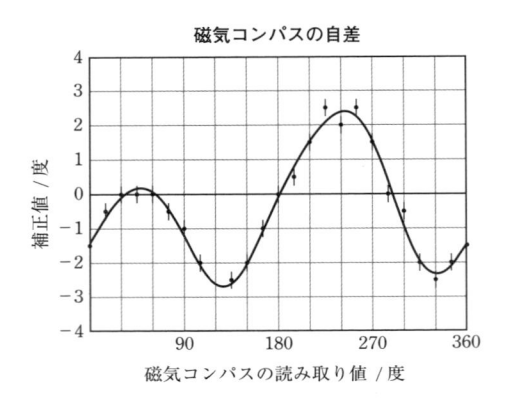

[図: 磁気コンパスの自差を表すグラフ．横軸は磁気コンパスの読み取り値/度 (0〜360)，縦軸は補正値/度 (−4〜4)．エラーバー付きのデータ点とフーリエ級数によるフィッティング曲線．]

図 6・7　表6・3に基づく磁気コンパスの自差のグラフ．自差補正の精度が0.5度刻みなので，エラーバーは ±0.25度としてある．図の曲線は，第4次高調波項まで含めたフーリエ級数成分の和に対する最小二乗法によるフィッティング

> p.190のPythonコード6・1を見れば，図6・7の最小二乗法で求めたフーリエ級数成分が実際にどのように算出されたのか理解できると思う．一般的な最小二乗フィッティングについては，§7・3を参照．

較正作業に関して注意してほしいのは，測定範囲の全体にわたって行わなければいけないということである．外挿した領域は，一般に精度が低くなるものであるが，事実上ありえない値域にまで較正の対象を広げる必要はない．データ各点を最もよく通るような線を描けばよい．それが1本の直線にならない場合は，較正済みの点の間を通るいくつかの線分をまとめて，1本の較正曲線とすればよい．もっと手の込んだやり方をしたいなら，3次のスプライン関数を計算するとよい．ここまで準備が整えば，読み取り値 y によって得られる測定値 x は，容易に較正曲線から割り出すことができる．

ここで，測定値の不確かさについて検討してみよう．誤差要因は二つある．一つは読み取り値 y の誤差 Δy, もう一つは，較正曲線の作成作業に由来する較正曲線

---

*　出典は，米軍の技術教育訓練関連の資料などを修復・保存およびインターネット上での公開の目的で集めた Integrated Publishing 社のホームページ．

そのものの誤差である．それ以外にも，たとえば，一度機器を較正した後で，その機器を使い続けたために生じる誤差にも注意が必要である．上述の二つの誤差は，いずれも x の不確かさをひき起こすが，その際，2 種類の誤差要因は互いに独立なので，二乗和の形で効いてくる．そうした 2 種類の誤差の寄与がわかるように図示したのが図 6・8 である．この図は，光学密度の測定値から，溶液中の色素濃度がどのように導出されるのかを示している．較正曲線上のある点から較正の標準誤差の大きさだけ離れた 2 本の平行切断線をひいてみれば，較正による誤差は一目瞭然である．

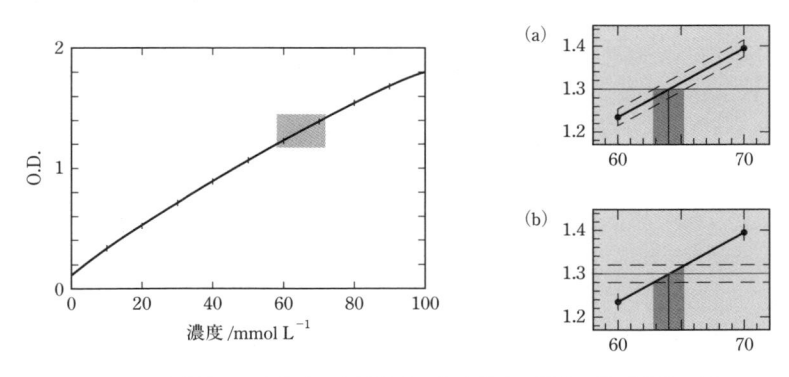

図 6・8　分光法により決定した溶液中の色素濃度に関する較正曲線の例．光学密度 O.D. = log(入射光強度／透過光強度) は，溶質濃度の関数である．右側の図は，灰色の領域を拡大したものである．(a) 濃度補正の誤差，(b) O.D. の測定値の誤差から求めた濃度の誤差

十分注意して較正を行えば，較正による誤差は機器などの読み取り誤差に比べて小さいのがふつうである．したがって，読み取り値の標準誤差 σ_y だけを考慮すればよい．測定値の標準誤差 σ_x は，つぎの関係式を使って計算することができる．

$$\sigma_x = \frac{\sigma_y}{\left|\left(\dfrac{\mathrm{d}y}{\mathrm{d}x}\right)_{\mathrm{cal}}\right|} \tag{6・14}$$

第 6 章のまとめ

　この章では，データに内在する関数関係が目に見えるようにするにはどのようなプロットを行えばよいかについて学んだ．それは，できれば直線が得られるようにプロットすることである．簡単なプロットにより，扱う関数に含まれるパラメー

ターのおよその値を見積ることができる．また，直線のy軸切片や傾きを変えてみることによって，パラメーターの誤差についても，大体のめどをつけることができる．機器の読み取りに関して，どう較正データを使えばよいのかについても学んだ．較正に基づく補正を行う際は，符号の扱いを間違えないように注意すること．この章で扱った方法は，データについて手早く考察することを目的としていたので，やや正確さには欠けている．より正確さを求める場合には，つぎの章を学んでほしい．

練習問題

6・1 p.18 の図 2・7 の各点を"通る"直線をひき，そのうえで $c(t)=c_0\mathrm{e}^{-kt}$ に含まれるパラメーターを決定せよ．

6・2 図 6・2 および図 6・3 から v_max および K_m の値を求めよ．"目見当"でひいた直線が，2 点 $(-0.0094, 0)$ および $(0.04, 0.35)$ を通る場合がラインウィーバー・バークプロット，$(0.04, 0.35)$ および $(15, 0.007)$ を通る場合がイーディー・ホフステープロット，そして $(0, 7.5)$ および $(500, 39)$ を通る場合がヘインズプロットとよばれている．

6・3 練習問題 3・2（p.29）で得られたデータをもとに，$1000/T$ に対して k の対数の値をプロットし，各データ点を最もよく通る直線をひけ．つぎに，関係式 $k=A\exp(-E/RT)$ における定数 E の値を求めよ（k の単位は何か）．さらに，E の誤差を見積れ．

6・4 図 6・8 を使って，光学密度の測定値が 1.38 ± 0.01 のときの濃度を求めよ（標準誤差をつけて）．ただし，較正誤差は無視できるものとせよ．

7

関数によるデータの
フィッティング

　実験データに対してパラメーター関数で当てはめを行うのであれば，最良の方法は最小二乗法である．つまり，測定値と，関数から予想される値との差の二乗の和を最小にするパラメーター値を探すのである．本章では線形最小二乗法と非線形最小二乗法を取上げる．そして，当てはめの有効性をどう評価すればよいか，また最適パラメーターの誤差をどう決定すればよいかについて解説する．

7・1　はじめに

　データ点 $(x_i, y_i)\ i=1,\cdots,n$ に対して，できる限り正確に当てはまる関数 $y=f(x)$ を探索しよう．この作業の背後には理論が存在して，それに基づいてある関数集合のなかからそのような関数を探し出す．そしてそれらの関数には一つまたは複数の未定パラメーターが含まれている．"最良の"関数とパラメーターの組を選び出すには，関数からデータ点がどれだけずれているかを表す尺度を選ばねばならない．もしこの尺度が一価関数であれば，ずれを最小にする関数を選び出すことができる．

　この作業は単純なものではなくて，処理の途中で落とし穴にはまってしまうことがある．たとえば，関数集合とパラメーター範囲が十分大きく，データ集合が十分小さければ厳密な当てはめが可能である．n 個のデータ点に対しては $(n-1)$ 次の多項式で厳密な当てはめができるが，3次スプライン関数を用いてもすべての点を滑らかに通る曲線が得られる．実際のところ，すべての点を通る関数は無限個あり，試しにどれか一つを選んで当てはめてみるとデータ点を実に見事に再現できることがわかる（図7・1参照）．少なくとも，すべてのデータ点を通る曲線が一つしかないとは言えないことがこれでわかるであろう．

この作業を改善するにあたって二つのことが必要である．第一に，関数を選ぶにあたって理論が必要である．理論が優れていれば，選択できる関数空間とパラメーターの範囲を絞り込むことができる．第二に，ずれを表す尺度には統計的な意味づけが必要であり，ずれの尺度の大きさが確率に対応しなければならない．たとえば，n 個のデータがあって（$n \gg 3$），1次関数（パラメーターは2個）でも2次関数（パラメーターは3個）でもよいという理論の裏づけがあるとしよう．明らかに2次関数（この部分集合が1次関数である）の方が当てはめはうまくいき，ずれの尺度も小さい．ずれの尺度を確率とは無関係に決めてよければ，2次関数の方がいつでもうまくいくと思えるかもしれない．しかし，ずれの尺度に適当な確率を考えることにより，2次関数ではうまくいきすぎで，1次関数の方が適当であると判断ができる．後で学ぶことになるが，ある仮定のもとにずれの尺度に対して適切な確率を割り当てることができる．

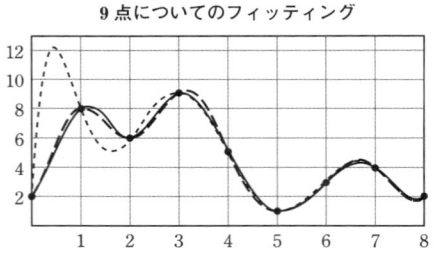

図 7・1 等間隔の9点を通るいくつかの関数．最初と最後の点は同じなので周期関数を考えることができる．実線：周期的3次スプライン（区間ごとに定義される3次関数で，1階と2階の導関数が連続）．破線：各点を $\sin \pi x / (\pi x)$ で展開（ナイキスト・シャノンの公式[*]．展開結果をフーリエ変換した関数には，グラフの目盛で2目盛より短い波長成分は含まれない）．点線：ラグランジュの公式を用いた（非周期的）8次多項式による当てはめ（Press et al., 1992）．全体を多項式で当てはめても満足の得られることはまずない．

独立変数 x_i が正確であり，関数 $f(x)$ が適切ならば，従属変数 y_i と関数値 $f_i = f(x_i)$ との間のずれは，平均がゼロで分散が有限である確率分布からランダム抽出された互いに独立な標本と同じふるまいをする．すなわち，

$$y_i = f(x_i) + \varepsilon_i \tag{7・1}$$

$$E[\varepsilon_i] = 0 \tag{7・2}$$

$$E[\varepsilon_i \varepsilon_j] = \sigma_i^2 \delta_{ij} \tag{7・3}$$

---

[*] 訳注：サンプリング定理ともいう．情報通信分野で重要な位置を占める展開公式．

7・1　は　じ　め　に

と表せられる．ε_i は**当てはめの残差**（residuals of the fitting procedure）とよばれる．x_i が正確という仮定は便宜的なものにすぎない．x_i 自体，確率分布から抽出されたサンプルである場合にどう取扱えばよいかは，§7・2で説明する［p.95の(7・11)式を参照］．また，ずれの尺度が独立である（少なくとも相関がない）という仮定も便宜的なものである．第Ⅱ部の A9 では残差に相関がある場合の処理法が説明してある．

もし，ずれを生ずるランダム過程の様子がある程度わかっていれば，残差の確率分布についてあらかじめ情報をもっていると考えてよいであろう．たとえば，残差 ε_i が分散 σ_i^2 をもつ正規分布からの独立な標本であることがわかっていれば，独立な残差の集合 $\varepsilon_1,\cdots,\varepsilon_n$ が生じる確率を見積ることができる．

$$P(\varepsilon_1,\cdots,\varepsilon_n) = \Pi_{i=1}^n\, p(\varepsilon_i) \propto \exp\left[-\sum_{i=1}^n \frac{\varepsilon_i^2}{2\sigma_i^2}\right] = \exp\left[-\frac{1}{2}\chi^2\right] \quad (7・4)$$

ここで χ^2 は残差の二乗の加重平均である．

$$\chi^2 = \sum_{i=1}^n \frac{(y_i - f(x_i))^2}{\sigma_i^2} \quad (7・5)$$

このように定義される確率の積は，当てはめのもっともらしさの指標（**尤度**，likelihood）になる．この値を大きくする関数はより適切なので，χ^2 を最小にする当てはめが最良の当てはめであるといえる．最良の当てはめが得られたなら，χ^2 の最小値に**カイ二乗検定**（chi-squared analysis）を適用して当てはめの良し悪しを議論することができる．これは§7・4で扱う．関数に含まれるパラメーターの不確かさ（分散と共分散）を求めることもできる（§7・5）．なお，8章では"最良"関数の選び方についてさらに慎重に検討したい．

実際のところ，どのようなランダム過程がずれを生じさせるかについて前もって情報をもっていることはまずない．大抵の場合，個々のずれの大きさはわからないが，ずれの相対的重み w_i ならわかる．たとえば，i 番目のデータ点が100個の測定の平均値であり，j 番目のデータ点が25個の測定の平均値であれば，点 i には点 j の 4 倍の重みを与えるべきである．あるいは同じ誤差をもった一連の測定点 t_i があって，$y_i = \log t_i$ に対して当てはめをしたければ y_i には t_i^2 に比例する重みを与えるべきである．このことについては p.116 の練習問題 7・3 を参照のこと．そこで，χ^2 を最小にする代わりに残差（偏差）の二乗の加重和 S を最小にしよう．

$$S = \sum_{i=1}^n w_i(y_i - f_i)^2 \quad (7・6)$$

当然のことであるが，Sの最小値でもって当てはめの良し悪しをうんぬんすることはできない．もし関数の形を信頼することができ，分散がわからない分布からランダムに抽出した標本が残差をもたらしていると仮定できれば，分布の分散を見積ることができる．そしてそのつぎには，関数に含まれるパラメーターの不確かさ（分散と共分散）を導くことができる．

よって，当てはめの精度を決定するには二つの可能性がある．もしデータの不確かさがわかっていればそれを使う．あるいは，残差の二乗和の実測値を使う．もしそれらが互いに矛盾しなければ，より信頼できる方を選ぶ．自信がなければ誤差が大きい方を選べばよい．もしそれらは両方とも信頼できるが（カイ二乗検定の結果）互いに矛盾するとわかったら，はじめに戻ってデータと誤差の見積り量を再検討し，場合によれば測定をやり直し，理論を見直す．

7・2 線 形 回 帰

線形回帰（linear regression）とは，パラメーターを含む線形関数（1次関数）
$$f(x) = ax + b \tag{7・7}$$
を最小二乗法を使ってデータ集合に当てはめることである．ここで，a, bが調整すべきパラメーターである．独立なデータの集合(x_i, y_i), $i=1,\cdots,n$があり，場合によってはそれぞれに重み係数w_iがあるとしよう．さて，パラメーターa, bを調整して偏差の（重みつき）平方和Sを最小にすることを考えよう．Sの式は，
$$S = \sum_{i=1}^{n} w_i(y_i - f_i)^2 \Rightarrow 最小化 \tag{7・8}$$
であり，
$$f_i = f(x_i) = ax_i + b \tag{7・9}$$
である．ここで独立変数をxで表す．yがxに（ランダムにぶれながら）従うので，xを**説明変数**（explanatory variable）とよぶことがある．説明変数は複数あってもよい．その場合，$f_i=f(\boldsymbol{x})$であり$\boldsymbol{x}$はベクトルである．そしてaもベクトルになる．このことは最小二乗法を少しばかり複雑にする．多次元線形回帰についてはp.167の第Ⅱ部A9・2を参照されたい．

(7・7)式はxについて線形であるが，**最小化問題**（minimization problem）(7・8)式が解析的に解けるのは，パラメーターa, bについて**線形**（linear）であることによる．したがって，ax^2+bx+cや$a+b\log x+c/x$のような関数についても最小

二乗法を用いて線形回帰問題が解ける．その方法は第Ⅱ部 A9 で説明してある．ここでは x の 1 次関数のみ考える．

係数 w_i はデータ点の重みを表す．同一の統計分布から生ずるという理由のために，すべてのデータ点が同じ重みをもつことはよくある．その場合，重み係数は $w_i=1$ としてよい．もし，異なる標準偏差 σ_i をもつために重みが異なるのであれば，重み係数は $1/\sigma_i^2$（に比例する）としなければならない（$1/\sigma$ に比例するのではないことに注意）．

7・2・1　x の不確かさ

x の不確かさが十分小さければ（これはふつうに見られることである），標準偏差 σ_i は y_i の標準偏差である．x の不確かさが無視できないものであれば（ただし，y_i の偏差からは独立），σ_i^2 は次式で置き換える必要がある．

$$\sigma_i^2 = \sigma_{y_i}^2 + \left(\frac{\partial f}{\partial x}\right)^2_{x=x_i} \sigma_{x_i}^2 \qquad (7\cdot10)$$

なぜなら $y_i - f(x_i)$ の不確かさを扱うからである．また，(7・7) 式の線形関係の場合には，この式は以下のようになる．

$$\sigma_i^2 = \sigma_{y_i}^2 + a^2 \sigma_{x_i}^2 \qquad (7\cdot11)$$

この式を評価するには，a の値を知る必要がある．しかし，ここではおよその見積り（たとえば，グラフの概形からの情報）があれば十分である．

7・2・2　最尤パラメーターの見積り

一般論で言えば，最小二乗法の最小化問題 (7・8) 式の解を求めるにはコンピュータープログラムが必要である．しかし，線形関係 (7・7) 式については簡単に解が求められ，第Ⅱ部 A9 に示すように二つの偏微分 $\partial S/\partial a$ と $\partial S/\partial b$ をゼロとすればよい．以下ではその結果を用いることにする．

パラメーター a, b は，測定データについて平均を計算すれば求められる．平均値の決定には，§5・6 で行ったように（たとえば p.67 の (5・20) 式を参照）重みを考慮しなければならない．たとえば，

$$\langle xy \rangle = \frac{1}{w} \sum_{i=1}^{n} w_i x_i y_i \qquad w = \sum_{i=1}^{n} w_i \qquad (7\cdot12)$$

であり，パラメーターは，

$$a = \frac{\langle (\Delta x)(\Delta y) \rangle}{\langle (\Delta x)^2 \rangle} \qquad b = \langle y \rangle - a \langle x \rangle \qquad (7\cdot13)$$

である．ここで，

$$\Delta x = x - \langle x \rangle \qquad \Delta y = y - \langle y \rangle \qquad (7 \cdot 14)$$

である．

これらの平均値は，最初に x および y の平均値を差し引くという方法をとらなくても計算できる．なぜなら，

$$\langle (\Delta x)(\Delta y) \rangle = \langle xy \rangle - \langle x \rangle \langle y \rangle \qquad (7 \cdot 15)$$

$$\langle (\Delta x)^2 \rangle = \langle x^2 \rangle - \langle x \rangle^2 \qquad (7 \cdot 16)$$

が成り立つからである．ただし，ある大きな数から別の大きな数を引く場合は計算精度に注意が必要である（p.62 の注意を参照）．

b についての (7・13) 式から，最適関数は点 $(\langle x \rangle, \langle y \rangle)$ を通ることがわかる．この点はデータ集合の"重心"に相当する．この事実は，§6・3 のグラフを用いた解法のところで利用している．

7・2・3　パラメーターの不確かさ

a および b の標準誤差 σ_a および σ_b の見積り値は，分散の見積り値 $\hat{\sigma}_a^2$ および $\hat{\sigma}_b^2$ の平方根である．後者の見積り値は関数 $\chi^2(a,b)$ のふるまいに由来する．詳しくいえば，**尤度関数** (likelihood function) (7・4) すなわち，

$$p(a,b) \propto \exp\left(-\frac{1}{2}\chi^2(a,b)\right) \qquad (7 \cdot 17)$$

から導出できる．関数 $\chi^2(a,b)$ は a と b についての 2 次関数であるから，確率分布 $p(a,b)$ は，最小値におけるパラメーターからのずれ $\Delta a, \Delta b$ についての二変量正規分布である．§7・5 と第II部 A9 で説明するが，$(\Delta a)^2, (\Delta a)(\Delta b), (\Delta b)^2$ の係数から a と b の分散と共分散が計算できる．データに基づいて χ^2 を計算するのであれば，つまり S の最小値 S_0 から計算するのであれば，（共）分散の見積り値はつぎのように与えられる．

$$\mathrm{var}(a) = \hat{\sigma}_a^2 = \frac{S_0}{w(n-2)\langle (\Delta x)^2 \rangle} \qquad (7 \cdot 18)$$

$$\mathrm{var}(b) = \hat{\sigma}_b^2 = \hat{\sigma}_a^2 \langle x^2 \rangle \qquad (7 \cdot 19)$$

$$\mathrm{cov}(a,b) = -\hat{\sigma}_a^2 \langle x \rangle \qquad (7 \cdot 20)$$

ここで w はすべての点をあわせた重みである．通常，各点の重みは 1 であり，w は測定数 n に等しい．

(7・18) 式の $n-2$ は，**自由度** (degrees of freedom) の意味をもつ．すなわち，

(独立な)データの数から関数のなかのパラメーターの数を引いた数である．詳しくは第II部A9で説明するが，粗っぽく言うと，二つのパラメーターを決めるのに2点が必要であり，残った$n-2$点で当てはめからのずれを決定するということである．これにはもっともな所があって，たとえば2点あれば必ず直線をひくことはできる．しかし，$n=2$であれば$S=0$であり，誤差は定まらない．

7・2・4 パラメーター間の共分散

共分散 (covariance) $\mathrm{cov}(a,b)$ によってわかることは，a および b のずれが互いに相関しているかということ，つまり，a のずれが b のずれによってどの程度打消されるかということである．データの内挿や外挿など，パラメーターに依存する量の不確かさを決める際には共分散を使わねばならない．§3・2・3と第II部A1も参照されたい．

積 $\hat{\sigma}_a \hat{\sigma}_b$ に対する比で共分散を表すことが多い．その場合，その比を a と b の間の**相関係数** (correlation coefficient) とよぶ．つまり，

$$\rho_{ab} = \frac{\mathrm{cov}(a,b)}{\hat{\sigma}_a \hat{\sigma}_b} = -\frac{\langle x \rangle}{\sqrt{\langle x^2 \rangle}} \tag{7・21}$$

である（-1 と $+1$ の間の無次元数である）．

ここで，$\langle x \rangle = 0$ の場合，つまり x がゼロとなる点を"重心"にとれば，a と b に相関がない（$\rho_{ab}=0$）ことに留意しよう．実際，1次関数を，

$$f(x) = a(x - \langle x \rangle) + b \tag{7・22}$$

に選べば a と b に相関がないことが納得できる．さらに，

$$b = \langle y \rangle \tag{7・23}$$

がただちにわかる．外挿はずっと簡単になる．もし任意の x における $f(x)$ の不確かさを決定したければ，不確かさの成分ごとの二乗和を計算すればよい．つまり，

$$\sigma_f^2 = \sigma_a^2 (x - \langle x \rangle)^2 + \sigma_b^2 \tag{7・24}$$

である．一方，$f(x) = ax + b$ を使えば修正が必要である（第II部A1を参照）．

$$\sigma_f^2 = \sigma_a^2 x^2 + \sigma_b^2 + 2\rho_{ab} \sigma_a \sigma_b x \tag{7・25}$$

7・2・5 S_0 と χ_0^2 のどちらを使うべきか

これまで(共)分散が二乗和の最小値に比例すると説明してきた．そして，測定におけるずれを用いてパラメーターの不確かさを決めてきた．これは，個々の標準偏差 σ_i が事前にわかっていない場合にとりうる唯一の手段である．もしそれが事前

にわかっていてしかも信頼できるのであれば，パラメーターの不確かさを決める目的にも使える．その場合，$S_0/[w(n-2)]$ の項は既知の $1/\sum \sigma_i^{-2}$ で置き換えねばならない．どちらの方式を選ぶかを決める前に，常にカイ二乗検定を行うべきである（§7・4）．これらの点については，§7・4と§7・5でもっと詳しく議論する．

7・2・6 データ系列のx値とy値との間の相関係

一連の点がどれだけきれいに直線の上にのっているかの指標となる量がある．これがデータ系列のx値とy値との間の相関係数rである．点のx値とy値との間に強い相関があるときに限って点は直線に近づく．この相関係数を(7・21)式で論じたaとbとの間の相関係数ρ_{ab}と混同してはならない．ρ_{ab}は想定した確率分布からの期待値から導かれるが，rはデータ集合そのものの性質の一つである．

$$r = \frac{\langle(\Delta x)(\Delta y)\rangle}{\sqrt{\langle(\Delta x)^2\rangle\langle(\Delta y)^2\rangle}} \qquad (7\cdot 26)$$

$$= a\sqrt{\frac{\langle(\Delta x)^2\rangle}{\langle(\Delta y)^2\rangle}} \qquad (7\cdot 27)$$

$r=\pm 1$であれば完全な相関があり，点は厳密に直線の上にのる．$r=0$であれば相関はまったくなくて，データを直線で当てはめることは意味をもたない．rが0.9より大きければ相関があるといってよい．

相関係数が1より小さければデータが線形関係からずれのあることがわかるが，どのようなずれであるかまではわからない．図7・2(a)と図7・2(b)のデータはどちらも相関係数が0.900であるが，どちらもベストフィットな直線からずれていて，しかもその様子が大いに異なる．またこの図から，$r=0.9$だからといって直線による当てはめがうまくいっているとは限らないことがわかる．

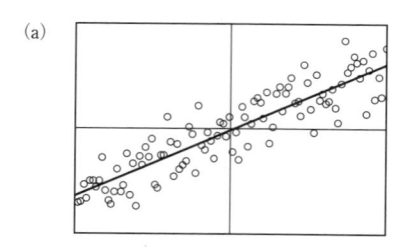

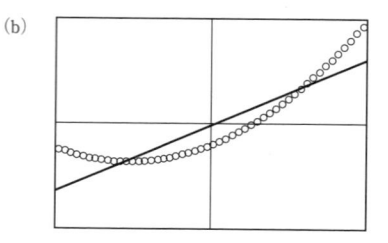

図7・2 xとyの間の相関係数rが同じ0.900であるようなx_iとy_iの二つのデータ集合．相関係数は軸の目盛や平行移動に依存しないので軸に数値は示していない．直線は，すべての点について線形当てはめで得られたベストフィット直線

7・3 最小二乗法による一般的な当てはめ

パラメーター $\boldsymbol{\theta}=\theta_1,\cdots,\theta_n$ をもつ当てはめ関数 $f(x,\boldsymbol{\theta})$ が $ax+b$ 以外の一般的な形のときには，以下のような場合分けができる．

i) **$\boldsymbol{\theta}$ について線形な f の場合**．つぎのようなすべてのパラメーターについて線形な関数の場合，解析的に求めた（重みつき）最小二乗解は (7・8) 式の S を最小にすることができる．

$$f(x) = ax^2 + bx + c \tag{7・28}$$

$$f(x) = a + b\exp(-k_1 x) + c\exp(-k_2 x) \tag{7・29}$$

（k_1, k_2 は既知定数）

$$f(x) = ax + b/x + c \tag{7・30}$$

ただし，行列計算が必要になる．詳細については第Ⅱ部の A9 を参照．

ii) **いくつかの変数について線形な f の場合**．複数の独立な変数（説明変数）について線形な関数，たとえば，

$$f(\xi,\eta,\zeta) = a\xi + b\eta + c\zeta + d \tag{7・31}$$

で ξ, η, ζ が独立な変数，a, b, c, d がパラメーターの場合にも行列計算を用いた解析的最小二乗解が登場する．そのような関数も第Ⅱ部 A9 で扱う．

iii) **非線形ではあるが線形化できる関数 f の場合**．グラフを直線とするためにp.79 の§6・2 で行ったように，パラメーターについて非線形な関数を線形関数に変換できることがよくある．たとえば関数 $f(t) = a\exp(-kt)$ は k について非線形である．しかし対数をとれば，

$$\ln f(t) = -kt + \ln a \tag{7・32}$$

となり k について線形な $ax+b$ の形の関数が得られる．こうして点 $(t_i, \ln y_i)$ に対して線形回帰法が適用できて，k と $\ln a$ を決定することができる．しかし，重みに注意を払う必要がある．たとえすべての y 値が同じ標準偏差 σ_i をもっていても，$\ln y_i$ は異なる重み

$$\sigma_{\ln y} = \left|\frac{\mathrm{d}\ln y}{\mathrm{d}y}\right|\sigma_y = \sigma_y/y_i \tag{7・33}$$

をもつ．この場合，重み係数 w_i は y_i^2 に等しくなるように（あるいは比例するように）とるべきである．負の y 値は扱えない．そのような状況は，t_i が大きいときのランダムな偏移によって起こりうる．しかし，負の値のみを選り分けることは，結果に偏りをもたらすことになるので許されない．それでもやるなら，負の y 値が生じたところの t_i から先の点をすべて解析対象から取除く

のがよい．もっとよいのは，一般的な非線形当てはめ法を用いることである．

iv) **非線形な関数 f：一般の場合**．パラメーターについて非線形な関数が常に線形化できるわけではない．たとえば，

$$f(t) = a \exp(-kt) + b \quad (7\cdot34)$$

は a, b, k について線形な関数への変換ができないから，非線形最小二乗法を使うしかない．この場合，解析的な解は存在せず，**逐次最小化公式**（iterative function minimizer）を用いる．逐次最小化公式には，解析的な導関数を用いる方式とそれを用いない方式とがあるが，後者の方が使いやすい．いずれの場合にも初期値を推定する必要がある．逐次最小化公式によっては，初期値のとり方が不適切だと最小化に失敗することがある．グラフ的に初期値を考えることができるのであればそうすべきである．

以下では Python を用いた非線形最小二乗法の例をいくつかあげる．

例：非線形当てはめ

p.82 の表 6・2 で示した酵素反応の速度論を考えよう．同じ重さのデータ S_i, v_i が 6 個ずつある．ここでの課題は，つぎの関数に含まれる二つのパラメーター $p_0 = v_{\max}$ および $p_1 = K_m$ の当てはめである．

$$f(S, p) = \frac{p_0 S}{p_1 + S} \quad (7\cdot35)$$

$$p = [v_{\max}, K_m] \quad (7\cdot36)$$

ただし，次式の二乗和[*1]が最小となることが当てはめの条件である．

$$\mathrm{SSQ} = \sum_i [v_i - f(S_i, p)]^2 \quad (7\cdot37)$$

一つのやり方は，SciPy のモジュール optimize にある leastsq という，最小二乗法による最小化のための Python プロシージャー[*2]を用いることである．この関数を使う際は，残差 $y_i - f_i$（もし標準偏差がわかっていれば $(y_i - f_i)/\sigma_i$）を指定する必要がある．この残差は，p の関数であるが導関数は必要としない．この関数

＊1　訳注：Sum of squares（二乗和）あるいは Sum of square deviations（偏差の二乗和）を **SSQ** と略す．

＊2　訳注：関数（function）とは演算結果を返す副プログラムのことであり，ほぼすべての計算機言語に共通した用語である．これに対して，結果を返さずに処理が終わるか，引数でデータのやり取りをする場合（厳密にいうと None という値は返す），Python では関数の代わりにプロシージャー（procedure）とよんで区別することがある．

7・3 最小二乗法による一般的な当てはめ

をよび出すときは p の初期値が必要である．ここでは，p.83 でグラフを使って考察したように，

$$p_{\text{init}} = [15, 105] \tag{7・38}$$

を選ぶことにする．この初期値に対する SSQ は 0.375 である．最小化を行うとパラメーターは，

$$p_{\text{min}} = [15.75, 114.65] \tag{7・39}$$

となり，SSQ は 0.171 になる．図 7・3 に当てはめの結果と残差を示す．後者のプロットでは，エラーバーの大きさから系統的なずれについての感じをつかむことができる．後でパラメーターの誤差を調べることにしよう．

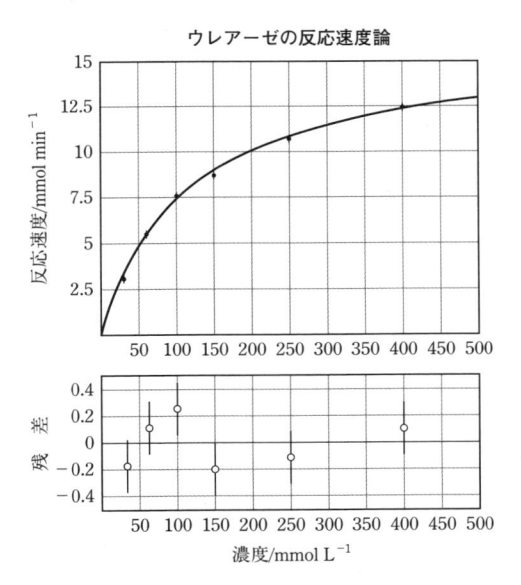

図 7・3 上図はウレアーゼの反応速度データ．最小二乗法によって得られたベストフィット曲線も示す．下図は残差 $y_i - f_i$ を示す．エラーバーがあることによって，ずれがランダムなものか否かが，より明瞭にわかる．

もう一つ，やはり SciPy のモジュール optimize にある fmin_powell というプロシージャーを用いるやり方がある．この最小化プロシージャーを用いるときには最小化関数を指定する必要がある．このルーチンは leastsq ほど正確ではないので複数回用いることが望ましい．

> これらの最小化を行う Python コードについては，p.191 の **Python コード 7・1** を参照のこと．

パラメーターの最良値を求めたからといって，問題が解けたことにはならない．当てはめの妥当性を検証し，パラメーターの誤差を調べる作業がまだ残っている．これらの問題の解答を考えるにあたって鍵になるのは，χ^2 をパラメーターの関数として考えることであり，以下の§7・4，§7・5で説明する．

7・4 カイ二乗検定

データ集合がある．最小二乗法によって，関数のパラメーターをそれにフィットさせたとしよう．この当てはめはうまくいったといえるだろうか．つまり，実験誤差の範囲内で，データと関数との間に食い違っている所はないであろうか．この疑問に答えるにはどのような判断基準を適用すればよいであろうか．当てはめがうまくいくとはどういうことであろうか．

受入れがたい当てはめとしては，不十分とできすぎの両極端な場合がある．もし関数パラメーターの数が少なすぎるか関数の形が正しくなければ，データは予想されるランダム誤差の範囲を超えて系統的にずれる．逆に，関数パラメーターの数が多すぎると（当てはめがとりあえずうまくいったとしても）フィッティング関数はデータに近づきすぎ，ずれの程度も予想されるランダム誤差の範囲より小さいであろう．

フィッティングを行ったときは，ずれ $y_i - f(x_i)$（すなわち残差）が x にどう依存するかを最初に検討すべきである．当てはめが正しくできれば，残差はランダムな分布（一般的には正規分布）からの標本になる．一般に，x に対して残差をプロットすれば系統的な残差の存在が明らかになる．もしそのような残差が見られれば，当てはめを受入れることはできない．フィッティング関数も再考すべきである．

もしそのような残差が存在するかどうかが明らかでない場合は，カイ二乗検定をすべきである．この検定では，残差の二乗の和が，（既知の）確率分布から残差を標本抽出して得られる期待値と整合するかを調べる．カイ二乗検定を実施するにあたっては，各データ点における標準誤差 σ_i について信頼できる推定値があらかじめ得られていなければならない．もしそれが得られていない場合にどうすればよいかはこの節の最後で説明する．さて，次式で定義される χ^2 の最小値を求める．

$$\chi_0{}^2 \stackrel{\text{def}}{=} \sum_{i=1}^{n} \frac{(y_i - f_i)^2}{\sigma_i{}^2} \tag{7・40}$$

ここで f_i は最適なパラメーター値について計算する．この式は，(7・6)式ですべ

7・4 カイ二乗検定

ての重みが分散の逆数に等しい

$$w_i = \sigma_i^{-2} \tag{7・41}$$

とおいたときに得られる S の最小値 S_0 である．

■ 注意 ■ もし分散の逆数に比例はするが等しくはない重みを用いて S を決めたのであれば，χ_0^2 を，

$$\chi_0^2 = \frac{S_0}{w} \sum_{i=1}^{n} \sigma_i^{-2} \tag{7・42}$$

によって導くことができる．ここで，w は重みの合計 $\sum w_i$ である．練習問題 7・6 も参照のこと．

カイ二乗和の各項は期待値が 1 なので，合計は n に近い値であると期待されるが，実は誤りである．線形回帰の場合，二つのパラメーター a と b の決定のために二つの自由度が"使われている"．自由度 ν は $n-2$ に等しいから，χ^2 は近似的に $\nu=n-2$ に等しいであろう．一般に m 個の可変パラメーターがあれば，自由度として残っているのは $n-m$ である．とはいっても，χ^2 はこの自由度のあたりで確率分布をする．この確率関数は ν に依存する．そして偏差の正規分布に基づけば，$f(\chi^2|\nu)$ と表すことができる．自由度が大きければ大きいほど，カイ二乗分布は狭くなる．関数 $f(\chi^2|\nu)$ はかなり複雑であるが（式については，p.209 のカイ二乗分布のデータシートを参照のこと），ν が大きくなるに従って正規分布に近づくという便利な性質をもっている．平均値は ν に等しく標準偏差は $\sqrt{2\nu}$ に等しい．このことは大きな ν 値についてはもちろんのこと，すべての ν についても成り立つ．

カイ二乗分布の表は確率密度関数ではなく，累積分布関数 $F(\chi^2|\nu)$ を与える．累積分布関数 (cdf) は，二乗和が χ^2 を超えない確率である．したがって，生存関数 (sf) $1-F(\chi^2|\nu)$ は，χ^2 を超える確率を与える．カイ二乗分布のデータシートは，**受容基準** (acceptance limit) が 1%, 10%, 50%, 90%, 99% の場合について χ^2 の表を示している．ほとんどの統計学の本では（そして Handbook of Chemistry and Physics でも）もっと大きい表が載せてあるが，本書の読者には SciPy ライブラリーの Python 関数を使う方が簡単であることに気づいていただけるであろう．

▶ p.191 のカイ二乗確率を生成する **Python コード 7・2** を参照のこと．

表や Python コードはつぎのようにして用いる．まず受容基準を決める．たとえ

ば1%～99%，10%～90%である．この選択には客観的根拠がないので，結果を公表する際にはどのような値を選んだかについて述べねばならない．以下の例では10%～90%としている．もし最小二乗法によるχ^2の値が10%より小さければ，結果がランダム分布から導かれたものであると受入れることはできず，当てはめは"できすぎ"と結論できる．用いた関数はパラメーターが多すぎるので，もっと単純な関数を用いるべきである．複雑な関数を用いることをデータのせいにしてはならない．一方，最小二乗法によるχ^2の値が90%より大きければ，やはり結果がランダム分布から導かれたと受入れることはできず，データが関数からずれていると結論できる．この場合，データをもっとよく記述する関数，場合によればパラメーター数がもっと多い関数を探すべきである．いずれの場合も，データと分散の最初の見積り値を見直すことが好ましい．

例　1

ウレアーゼの速度論の例（§7・3参照）では，最小二乗法による当てはめで偏差の二乗和SSQの最小値が0.171と求められた．y_iの標準偏差s.d.が0.2 mmol/minであったから，χ^2の最小値は$0.171/0.2^2=4.275$となる．この値は自由度$\nu=n-m=6-2=4$に近いから，偏差はランダムなゆらぎによると考えてよい．実際，カイ二乗分布の累積分布関数cdf(4.275, 4)は0.63に等しく，これは偏差がまったくないといって差し支えない．

例　2

10個の独立な測定データ(x_i, y_i)がある．x_iは正確であり，y_iは標準誤差σをもっている．単純な理論によればyはxの1次関数$y=ax+b$で表される．しかし，もっと精密な理論では2次関数$y=px^2+qx+r$になるという．この測定データから90%の信頼水準で，2次関数理論は線形関数理論より優れているといえるか考えてみよう．すべての点について$1/\sigma^2$を重みとして両方の理論について線形最小二乗法による当てはめを行うと，1次関数の場合は$S=\chi^2=14.2$であり，2次関数の場合は$S=\chi^2=7.3$である．カイ二乗分布のデータシートにある表を調べると自由度が8のとき14.2は90%限界の上にあるので受容基準に照らせば，この値は受入れられない．しかし2次関数（自由度は7）は受入れられ，安心して使うことができる．もし，これらの値が12.3（1次関数）と6.5（2次関数）であったなら，1次関数より2次関数の方が当てはめがうまくいくものの，2次関数の使用は正当

化できない．

　もしデータの標準誤差の大きさが不明であるか，不正確にしかわかっていない場合にはどうすればよいであろうか．この場合，カイ二乗検定は使えない．実験誤差の大きさを2倍に見積ることはありがちで，その場合にはχ^2の値は1/4倍になる．たとえば自由度が10の場合，χ^2の正確な値が8であるにもかかわらず2が得られるかもしれない．2という値は1%の確率限界より小さいのでその当てはめは受入れられない．しかし，8という値であればその当てはめは完全に受入れられる．したがって，誤差を間違って見積っておいたために間違った結論を導くことになる．この例からわかるように，カイ二乗検定を正しく適用するためには，データ点の誤差がかなり正確にわかっていないといけない．

　データ数が十分であれば，測定値yの不確かさをデータのみから決定することができる．もしχ^2が最良推定値$\hat{\chi}_0^2 = n-m$に等しいとすれば，残差の二乗和の最小値S_0で個々の分散$\hat{\sigma}_i^2$を見積ることができる．その関係式は，

$$\hat{\sigma}_i^2 = \frac{S_0}{(n-m)w_i} \tag{7・43}$$

である．この式は，$w_i = c/\sigma_i^2$とし，cを，

$$\hat{\chi}_0^2 = \frac{S_0}{c} = n-m \tag{7・44}$$

から解いて容易に導出することができる．重みが同じで$w_i = 1$という，ごくふつうの場合，$\hat{\sigma}^2 = S_0/(n-m)$となることに留意しよう．

　もちろん，当てはめの質を評価するために今ここで$\hat{\chi}_0^2$を使うことはできない．したがって残差$\varepsilon_i = y_i - f_i$のランダム性を解析するには別の判断基準を用いるべきである．xに対するグラフには系統的誤差が含まれていてはならない．累積分布関数は対称な正規分布と似た形になっていないといけない．平均や分散といった統計的特性は，データの部分についてとれば，異なる部分の間で大きく異なってはならない．

7・5　パラメーターの精度

　最小二乗法のフィッティング（当てはめ）を実行したとしよう．そして，残差がランダム性の評価試験を通ったので，データの標準誤差が信頼できるものと仮定しよう．データ点の標準誤差について正確な値が事前にわかっていたか，あるいはχ^2が最小のとき，厳密に$n-m$に一致するよう誤差を見積ったかのどちらかであ

るが，いずれにせよパラメーターの関数として χ^2 がどう変化するかがわかっている．このような状況のもとで，フィッティングパラメーターの分散と共分散を計算することができる．

本節ではいくつかの一般式を示すが，それらの導出法は第II部 A9 にある．再度 n 個のデータ点 x_i, y_i からスタートし，m 個のパラメーター $\theta_k, k=1,\cdots,m$ をもつ（線形ないし非線形の）関数で最小二乗法フィッティングを行う．この処理により，パラメーターの関数として χ^2 が得られ，それが最小値 χ_0^2 をとるときのパラメーター値 $\hat{\theta}_i$ が最良の値である．χ_0^2 は最小であるから $\chi^2(\theta_1, \theta_2, \cdots, \theta_m)$ は最小値の近傍で2次である（つまり，χ^2 を最小値のまわりでテイラー展開すれば初項が2次であり，パラメーターについて非線形なフィッティング関数についても同様である）．

パラメーターの（共）分散を導出するうえで重要な役割を果たすのが行列 $\boldsymbol{B}$ であり，その要素はつぎのように表される．

$$B_{kl} = \sum_{i=1}^{n} \frac{1}{\sigma_i^2} \frac{\partial f_i}{\partial \theta_k} \frac{\partial f_i}{\partial \theta_l} \qquad (7\cdot45)$$

パラメーターについて線形な関数の場合，θ についての f の偏微分は定数である．非線形関数の場合は，パラメーターのベストフィット値 $\hat{\theta}$ における偏微分を計算する．この行列は，つぎに示すように関数 $\chi^2(\boldsymbol{\theta})$ の2階偏微分の半分でもある（第II部 A9 を参照）．

$$B_{kl} = \frac{1}{2} \frac{\partial^2 \chi^2}{\partial \theta_k \partial \theta_l} \qquad (7\cdot46)$$

この式は，$\chi^2(\theta_1, \theta_2, \cdots, \theta_m)$ の最小値における曲率が $\boldsymbol{B}$ で表されることを示している．つまり，

$$\Delta \chi^2 = \chi^2(\boldsymbol{\theta}) - \chi^2(\hat{\boldsymbol{\theta}}) \qquad (7\cdot47)$$

$$\approx \sum_{k,l=1}^{m} B_{kl} \Delta\theta_k \Delta\theta_l \qquad (7\cdot48)$$

ここで $\Delta\theta_k = \theta_k - \hat{\theta}_k$ である．線形関数の場合，$\approx$ 記号を等号 $=$ で置き換えることができる．

7・5・1 パラメーターの共分散

パラメーターの（共）分散は p.93 の (7・4) の尤度の式から導出できる．

$$p(\boldsymbol{\theta}) \propto \exp\left[-\frac{1}{2}\Delta\chi^2(\boldsymbol{\theta})\right] \qquad (7\cdot49)$$

(7・48)式を(7・49)式に代入することによって，二変量正規分布（bivariate normal distribution）が得られる．第Ⅱ部 A9 でもっと詳しく説明するが，パラメーターの（共）分散は行列 $\boldsymbol{B}$ の逆行列として得られる．この逆行列を $\boldsymbol{C}$ で表すと，つまり，

$$\boldsymbol{C} = \boldsymbol{B}^{-1} \tag{7・50}$$

とすると，

$$\mathrm{cov}(\theta_k, \theta_l) = C_{kl} \tag{7・51}$$

である．この**共分散行列**（covariance matrix）から θ_k の標準偏差 σ_{θ_k}（これは標準誤差である）が得られる．

$$\sigma_{\theta_k} = \sqrt{C_{kk}} \tag{7・52}$$

θ_k と θ_l の間の相関係数 ρ_{kl} は，

$$\rho_{kl} = \frac{C_{kl}}{\sqrt{C_{kk} C_{ll}}} \tag{7・53}$$

である．したがって行列 $\boldsymbol{C}$ がわかっていれば，パラメーターの誤差と**相互相関**（mutual correlations）を見積るのに十分である．以下の§7・5・2, §7・5・3 では，1次元と2次元の場合についてグラフを用いて説明する．

7・5・2　χ^2 と1次元パラメーター分布との関係

表7・1にパラメーターが一つの場合について $\Delta\chi^2$ と $\Delta\theta$ の分布関数との関係を示した．式で表せば，

$$p(\Delta\theta) = p(0) \exp\left[-\frac{1}{2}\Delta\chi^2(\Delta\theta)\right] \tag{7・54}$$

$$\Delta\chi^2(\Delta\theta) = b(\Delta\theta)^2 \tag{7・55}$$

表7・1　$\Delta\chi^2$ と単一パラメーター θ の確率分布との関係

$\Delta\chi^2$	$p(\Delta\theta)/p(0)$	$\Delta\theta$	$P(-\Delta\theta, \Delta\theta)$
0.00	1.00000	0.0000	0.00%
0.50	0.77880	0.7071	52.05%
1.00	0.60653	1.0000	68.27%
1.50	0.47237	1.2247	77.93%
2.00	0.36788	1.4142	84.27%
2.50	0.28650	1.5811	88.62%
3.00	0.22313	1.7321	91.67%
3.50	0.17377	1.8708	93.86%
4.00	0.13534	2.0000	95.45%
4.50	0.10540	2.1213	96.61%
5.00	0.08208	2.2361	97.47%

ここで，b は展開式 (7・48) における行列要素 B_{11} であり，$1/b$ は分散 σ_θ^2 である．$\Delta\chi^2 = 1$ のとき，標準偏差となる（これは $\Delta\chi_0^2$ の $1/\nu$ であり，$\Delta\chi_0^2$ の期待値が自由度 ν であることに注意）．$\Delta\chi^2 = 4$ のとき，標準偏差の 2 倍になる．図 7・4 にこれらの関係が図示してある．

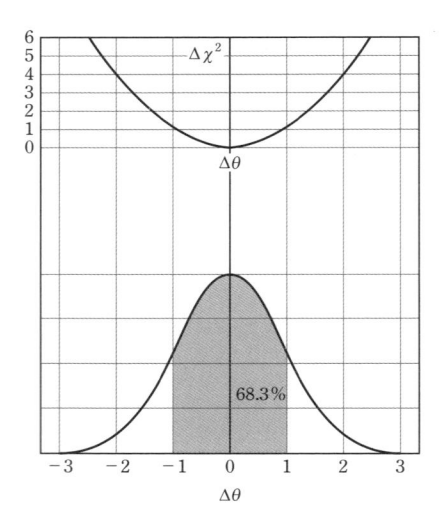

図 7・4 $\Delta\chi^2$ と単一パラメーター θ の確率分布との関係

この $\Delta\chi^2$ と $p(\Delta\theta)$ との間の関係は，単一パラメーターについてのみ成り立つのではない．パラメーターがいくつかあって，特定のパラメーター θ_1 の周辺確率分布を知りたい場合，ほかのすべてのパラメーターについて $\Delta\chi^2$ を最小にしたままで $\Delta\chi^2(\Delta\theta_1)$ を計算するだけでよい．よって $\Delta\chi^2(\Delta\theta_1) = 1$ のとき，$\Delta\theta_1$ の標準偏差が得られる．そして，ほかのすべてのパラメーターは最小二乗値をとる．その理由については第Ⅱ部 A9 で説明してある．

7・5・3　χ^2 と 2 次元パラメーター分布との関係

パラメーターが二つの場合，$\Delta\chi^2$ は 2 個のパラメーター $\Delta\theta_1$, $\Delta\theta_2$ についての 2 次関数である．覚えておくべき特徴として，$\Delta\chi^2 = 1$ の等高線の接線で垂直なものと水平なものは，それぞれ $\theta_1 = \pm\sigma_1$ と $\theta_2 = \pm\sigma_2$ に位置する．その理由は第Ⅱ部 A9 で説明した．表 7・2 は，$\Delta\chi^2$，接線への射影，そしてパラメーターを座標とする点 $(\Delta\theta_1, \Delta\theta_2)$ が $\Delta\chi^2$ に対応する等高線の内部に存在する**積分確率**（integrated probability) との関係を示している．等高線の内部に存在する積分確率 $P(\Delta\chi^2)$ は $\Delta\chi^2$ について，つぎのような単純な関数

$$P = 1 - \exp\left(-\frac{1}{2}\Delta\chi^2\right) \tag{7・56}$$

である．そして逆関数は，

$$\Delta\chi^2 = -2\ln(1-P) \tag{7・57}$$

である．たとえば，積分結合確率99%のθ値は，$\Delta\chi^2 = -2\ln 0.01 = 9.21$の等高線の内部に存在する．

表7・2 $\Delta\chi^2$と2個のパラメーター$\Delta\theta_1, \Delta\theta_2$についての2次元確率分布との関係

等高線 $\Delta\chi^2$	接線への射影 単位は σ	積分確率 $P($等高線$)$
0.0	0.000	0.00%
0.5	0.707	22.12%
1.0	1.000	39.35%
1.5	1.225	52.76%
2.0	1.414	63.21%
2.5	1.581	71.35%
3.0	1.732	77.69%
3.5	1.871	82.62%
4.0	2.000	86.47%
4.5	2.121	89.46%
5.0	2.236	91.79%
5.5	2.345	93.61%
6.0	2.449	95.02%

例を図7・5に示す．$\boldsymbol{B}$と$\boldsymbol{C}=\boldsymbol{B}^{-1}$はつぎのように選んだ．

$$\boldsymbol{B} = \frac{1}{3}\begin{pmatrix} 1 & -1 \\ -1 & 4 \end{pmatrix} \qquad \boldsymbol{C} = \begin{pmatrix} 4 & 1 \\ 1 & 1 \end{pmatrix}$$

この $\boldsymbol{C}$ は，

$$\sigma_1 = 2 \qquad \sigma_2 = 1 \qquad \rho_{12} = 0.5$$

を意味する．図7・5は等高線を表す．おのおのの等高線は，二つのパラメーターについての結合確率がある水準を超えるようなすべての点を内包する．$\Delta\chi^2 = 1$の等高線内部（濃い灰色の領域）のパラメーターに対する積分結合確率は39%である（表7・2を参照）．そして，$\Delta\theta_1$軸への射影は標準偏差が$\sigma_1 = 2$であることを示している．よって，$\Delta\theta_1$についての積分周辺確率（薄い灰色の領域）は68%であり，

正規分布で $\pm\sigma$ の範囲内の確率に等しい．また，$\Delta\chi^2=1$ の等高線から相関係数 ρ をつぎのようにして読み取ることができる．等高線は $\sigma_1\sqrt{1-\rho^2}$ で $\Delta\theta_1$ 軸と交わる．$\Delta\theta_2$ 軸についても同様である．$|\rho|$ が大きいほど楕円は対角線方向に延びる．ρ が正であれば長軸は南西-北東の線上にあり，負であれば北西-南東の線上にある．

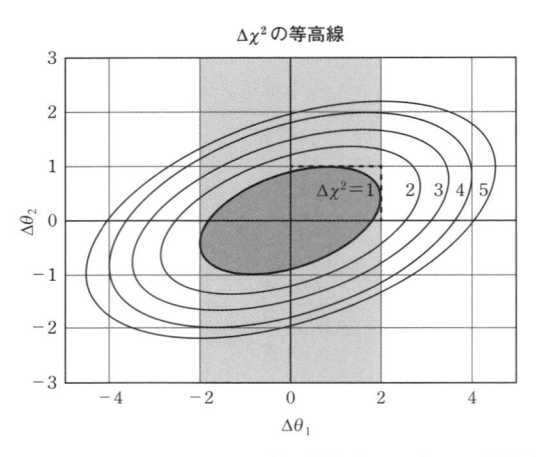

図 7・5 パラメーターが 2 個の $\Delta\chi^2$ の等高線図．$\Delta\chi^2=1$ の等高線を，座標軸方向に射影すれば標準偏差（$\sigma_1=2$；$\sigma_2=1$）が得られる．

> 2 次元関数の等高線を既定レベルで作成するには p.192 の **Python コード 7・3** を参照．

パラメーターの個数が 3 以上の場合，そのなかの任意のパラメーターの組 $\Delta\theta_1$，$\Delta\theta_2$ についても同様の等高線を描くことができる．しかし，ほかのすべてのパラメーターについて $\Delta\chi^2(\Delta\theta_1,\Delta\theta_2)$ を最小化しておくことが必要である．2 次元等高線は，全パラメーター空間において $\Delta\chi^2$ を表す m 次元楕円体の射影である．

例

ウレアーゼの速度論の例（p.82 参照；データは表 6・2 より）を取上げよう．最小二乗法による当てはめはすでに実行した（§7・3）．$S(v_{\max},K_{\mathrm{m}})$ という関数を使う．今の場合，この関数は残差の重みなしの二乗和である．この関数の最小値は $S_0=0.171$ であり，そのときのパラメーター値は $[15.75, 114.65]$ である．すでにカイ二乗解析によって，S_0 が測定に想定される誤差と矛盾しないこともわかってい

7・5 パラメーターの精度

る (p.104 の例 1). 今ここで必要なのは，パラメーターの関数としての χ^2 であり，予測値 $n-m=4$ に最小値が一致するよう，S に一定の倍率を掛けることによって得られる．

$$\chi^2(v_{\max}, K_{\mathrm{m}}) = \frac{n-m}{S_0}S = \frac{4}{0.171}S(v_{\max}, K_{\mathrm{m}}) \tag{7・58}$$

図 7・6 は，2 次元パラメーター空間における $\chi^2=1$ の等高線を示す．中心軸への楕円の射影からパラメーターの標準誤差を読み取ることができる．また，等高線が中心軸を横切る点から相関係数 ρ を導くことができる．これらの値は，等高線図を作成するときの点列から求めることも可能である．結果は，

$$\sigma_1 = 0.41 \qquad \sigma_2 = 7.63 \qquad \rho = 0.93$$

である．二つのパラメーターが強く相関していることがわかる．つまり，二つのパラメーターが同じ向きに（両方とも正か両方とも負に）偏移することの方が，互いに反対符号の向きに偏移することよりも起こりやすい．このことは図 7・6 からも明らかである．もし，ある濃度のもとで反応速度の不確かさを予想する必要が出てくれば，相関係数は重要である．

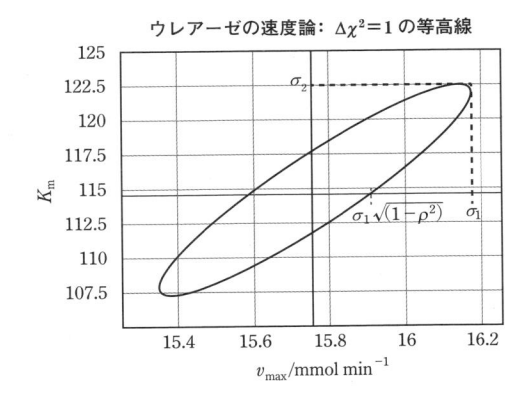

図 7・6 ウレアーゼの速度論データに対する $\Delta\chi^2=1$ の等高線．座標軸への射影が標準偏差（$\sigma_1=0.41; \sigma_2=7.6$）である．等高線が座標軸を横切る点は，対応する標準偏差の $\sqrt{1-\rho^2}$ 倍になっている．

> χ^2 の等高線を作成し，誤差と相関を解析するには p.194 の **Python コード 7・4** を参照．

もし（今の場合 $\sigma_y=0.2$ で）データ誤差を適当に選んでしまったら，予測値の $\chi_0^2=4.0$ とは違う値，$\chi_0^2=0.171/0.2^2=4.3$ を得ることになる．これによって標準偏差がわずかに 4% 大きくなる．

$\Delta\chi^2=1$ の等高線をつくらずに標準偏差と相関の値を得るには，共分散行列 C が必要である．これは，2 次元プロットがそれほど有効ではない，パラメーター数が 3 以上の場合に一般的なやり方である．適切な最小二乗法のプログラムを使えば，この行列が得られる．というのは，最小化の段階で行列要素がつくられるからである．共分散行列を得るもう一つの方法は，行列 $B=C^{-1}$ をつくった後で逆行列をとることである．(7・48) 式を参照されたい．B の行列要素は，最小位置付近の格子点で $\Delta\chi^2$ を計算して得られる．計算は，パラメーター i の偏移が δ_i の点すべて，および (δ_i, δ_j) 点の組すべてについて行う．後者の方法を採用して標準偏差に近い偏移を試験的に行えば，最小二乗法で得られる共分散に近い（が，厳密に等しくはない）結果が得られる（表 7・3 を参照）．それらは $\Delta\chi^2=1$ の等高線から得られる

表 7・3 ウレアーゼの速度論の例における $v_{\max}$ と K_m の標準偏差と相関係数．異なる方法の比較

方　法	σ_1	σ_2	ρ
leastsq ルーチン	0.41	7.6	0.92
等高線 $\Delta\chi^2=1$	0.41	7.6	0.92
$C=B^{-1}$; $\delta=[0.2, 2.5]$	0.42	7.8	0.92
上と同じ．ただし $\delta=[0.0004, 0.007]$	0.36	7.0	0.93

結果にも近い．しかし，試験的な偏移をきわめて小さくとれば，共分散行列は違ってくる（今の例では 10 から 20% 程度小さい）．この理由は，フィッティング関数の非線形性のために $\Delta\chi^2$ が純粋にパラメーターの 2 次関数ではないからである．尤度関数 $\exp\left(-\frac{1}{2}\Delta\chi^2\right)$ は純粋に二変量正規分布ではない．$\Delta\chi^2$ が 1 の近傍で導出される共分散を使うのが最もよいが，非正規性が尤度分布の裾に影響することに注意が必要である．正規分布に基づいた信頼区間に頼ってはならないし，標準偏差をあてにしすぎるのもよくない．

> ウレアーゼの速度論の例について，最小二乗法のルーチンから共分散行列を生成するには p.195 の **Python コード 7・5** を参照．

> ウレアーゼの速度論の例について，B 行列の組立てから共分散行列を生成するには p.196 の **Python コード 7・6** を参照．

> p.197 の **Python コード 7・7** は，ある与えられたデータに対して，既定関数を用いた一般的な最小二乗法でフィッティングを行って結果を出力するプログラムである．

7・6 フィッティングの有意性についての F 検定

データ点に対して理論式でフィッティングを行ってまず疑問に思うのは，果たしてフィッティング結果に意味があるのかということである．つまり，フィッティングによる偏差の二乗和が，y_i の平均値についての偏差の二乗和よりも有意に小さいかということである．もしそうでなければこの理論関数はデータを説明するうえで何の得にもならない．しかし，**有意である**とはどういうことであろうか．

y_i が平均値 $\langle y \rangle$ からの**偏移の総二乗和**（total sum of squares；SST）は（議論を簡単にするために重みを1として），

$$\text{SST} = \sum_{i=1}^{n} (y_i - \langle y \rangle)^2 \tag{7・59}$$

である．この式は，モデルがない場合にふさわしい二乗和である．自由度は $n-1$ である．なぜなら一つのパラメーター（平均値）を決定するためにデータを用いたからである．モデルがあれば y_i にできる限り近い f_i を予想することができる．偏差の二乗和は次式で表される．この場合，**誤差二乗和**（error sum of squares；SSE）とよぶ．

$$\text{SSE} = \sum_{i=1}^{n} (y_i - f_i)^2 \tag{7・60}$$

用いた関数が m 個のパラメーターをもっていて f_i を決定していれば，自由度は $n-m$ である．この二乗和はモデルから見積られる量のなかでは最も小さいものであり，ランダム誤差のみが効いている．差 SST − SSE は総二乗和のうちでモデルによって説明できる部分であり，**回帰二乗和**（regression sum of squares；SSR）とよぶ．その大きさは，

$$\text{SSR} = \text{SST} - \text{SSE} = \sum_{i=1}^{n} (f_i - \langle f \rangle)^2 \tag{7・61}$$

である．SSR の自由度は $m-1$ である．なぜなら，f_i は m 個の変数で決定されるが，そのうち一つは平均値に使われるからである．このように，すべての自由度には説明がつけられる．

この等式が成り立つことは，すぐにはわかりにくいかもしれない．この等式は，残差 $\varepsilon_i = y_i - f_i$ が平均値 0 の確率分布からの独立な標本を形成するという条件を満足しつつ f_i が決定されると考えればよい．確率分布の条件は $\langle y \rangle = \langle f \rangle$ を意味し，独立の条件は ε_i が f_i に関係しないこと，つまり $\sum_i \varepsilon_i (f_i - \langle f \rangle) = 0$ を意味している．このことから，

$$\text{SST} = \sum_i (y_i - \langle y \rangle)^2 = \sum_i (y_i - f_i + f_i - \langle f \rangle)^2$$
$$= \text{SSE} + \text{SSR} + 2\sum_i (y_i - f_i)(f_i - \langle f \rangle) \quad (7\cdot 62)$$
$$= \text{SSE} + \text{SSR} \quad (7\cdot 63)$$

が導かれる．実際にはこの関係が厳密に成り立つとは限らない．(7・62)式の最後の項が厳密に 0 となるとは限らないからである．

偏差の総二乗和をモデルの良し悪しに起因する SSR とランダム誤差に起因する SSE に分離することができたので，（SSE に対して）SSR が大きいほどモデルに意味があるといえる．ここでふさわしい統計的検定は，F 検定である（第 4 章および p.211 の F 分布のデータシートを参照）．F 比（分散の見積り値の比に等しい）は，

$$F_{m-1, n-m} = \frac{\text{SSR}/(m-1)}{\text{SSE}/(n-m)} \quad (7\cdot 64)$$

で与えられる．

累積 F 分布は，同一の分散をもつ（異なる）分布から両方の偏差が抽出された確率を与えてくれる．そして，"有意なレベルまでモデルはデータを説明しない"という**帰無仮説**を検証する．この帰無仮説は，"モデルは無意味である"と言い換えてもよい．F 比が限界値 F_c を超えれば帰無仮説を棄却して"モデルには意味がある"を受入れてよい．ここで**有意水準**が α であれば $F(F_c) = 1 - \alpha$ である．たとえば，データが 10 個で可変パラメーターが 3 個，言い換えれば $\nu_{\text{SSR}} = 2$ および $\nu_{\text{SSE}} = 7$，そして有意水準を 1% とすれば，限界 F 比は 9.55 に等しい（p.212 の F 分布のデータシートにある二つ目の表を参照）．9.55 より大きな値であれば，使ったモデルに意味があると確信をもってよい．

例

再度，ウレアーゼの速度論の例に戻ろう（p.82 の表 6・2 のデータ）．二つのパ

ラメーター $v_{max}=15.8\pm0.4$ および $K_m=115\pm8$ がきわめて有意であるという事実は，フィッティングがすでに適切であることを示唆している（p.110 の例を参照）．事実，二乗和の計算により，測定値のほとんどすべての変化がモデルで説明できることがわかる．つまり，SST＝57.02；SSR＝56.24；SSE＝0.17 である．ここで SSR と SSE の和が SST に等しくないことに留意しよう．こうしたことは非線形最小二乗法では，しばしば見られる．F 比は [SSR/1]/[SSE/4]＝1315 に等しく，F 分布の累積確率は 0.9999966 である．モデルが適切であることに絶対の自信をもってよい．計算結果がもっと驚く値をとる例については練習問題 7・7 を参照．

➡ これらの結果の計算法については p.203 の **Python コード 7・8** を参照．

第 7 章のまとめ

あらかじめデータが与えられているなかで，それらと関数関係のあるパラメーターを最小二乗法によってフィッティングすることを学んだ．パラメーターについて線形な関数の場合，パラメーターが互いに依存しない限り最小二乗法は安定（ロバスト）である．非線形な関数の場合，通常適当な逐次計算プログラムで最小値が見つかる．フィッティングの良し悪しの検定は 2 通りの方法でできる．第一の方法で扱う問題は，特定の関数へのフィッティングが単なる平均値へのフィッティングよりも有意に優れているかというものである．これを判定するには F 検定を使う．第二の方法で扱う問題は，フィッティングの残差が，事前にわかっている誤差情報と分散が整合するような分布からのランダムな標本であるかのようにふるまうかということである．これを判定するにはカイ二乗検定を使う．もし問題なければ残差の二乗和の実測値 S からパラメーターの共分散行列が計算できる．S がパラメーターにどう依存するかを用いればこの行列が見つけられる．

練 習 問 題

7・1 表 6・2（p.82）の酵素反応速度のデータに対して線形回帰分析を実行せよ．まず，$x=1/[S]$ および $y=1/v$ とおいて ラインウィーバー・バークプロットをつくれ．y には正しい標準誤差を用いよ．v_{max} と K_m のそれぞれの値と標準誤差を出せ（a, b の結合における標準偏差には a と b の間の相関係

数が必要であることに注意せよ）．得られた値を図 6・2 からグラフ的に見積られる値と比較せよ．また，p.100 の非線形最小二乗法で得られる値と比較せよ．データ点と最良のフィッティング直線とを描け．

7・2 種々の温度で平衡定数を測定することによって ΔG を決定し，つぎの値が得られた．

T/K	$\Delta G/\mathrm{kJ\,mol}^{-1}$
270	40.3
280	38.2
290	36.1
300	32.2
310	29.1
320	28.0
330	25.3

すべての場合について温度の不確かさは無視でき，重みは同じである．ΔG の値を T の 1 次関数にフィッティングすることによって反応のエントロピー $\Delta S = -\mathrm{d}\Delta G/\mathrm{d}T$ を決定せよ．ΔS の標準誤差はどれだけか．ΔG を $T=350\,\mathrm{K}$ に外挿して標準誤差を求めよ．最小二乗法によるフィッティングでパラメーターの分散と共分散が得られるので，それらを使うとよい．つぎに T そのものでなく，$x=T-300$ を変数として同じ解析をせよ．両者で違いが生じたら，それについて議論せよ．

7・3 点 t_i が等分散の確率分布からのランダムな標本であれば，$y_i = \log t_i$ と書き換えたデータ点の重みは t_i^2 に比例することを説明せよ．そのために，まず t の分散が一定値 σ_t^2 であるとして y の分散を導出し，つぎに重みと分散とを関連づけよ．

7・4 パラメーター数が四の関数 $a\exp(-px) + b\exp(-qx)$ を表 6・1 (p.80) のデータ x, y に対して最小二乗法を用いてフィッティングせよ．Python プログラム fit（コード 7・7）を用いよ．パラメーターの初期推定値として，§6・2 でグラフ的に求められた値を用いよ．最大試行回数を経ても最小値に到達しなければ，最後のパラメーターを初期値としてもう一度最小化を行え．

7・5 mm 単位で目盛が 0 から 1000 まで打ってある物差しを用いて光学ベンチ*

---

* 訳注：レール状の台であり，それに沿ってレンズなどをスライドさせることができる．

に置いた凸レンズの焦点距離を測りたい．レンズは 190 mm 付近に置いてあるが，枠に入った厚いレンズなので位置を厳密に知ることは難しい．物体（光源）は位置 x にあり，位置 y に明瞭な像ができる．y の標準偏差 σ_y をつぎのように見積った．すべて mm 単位である．

x	y	σ_y
60	285	1
80	301	2
100	334	3
110	383	4
120	490	5
125	680	10

肉薄レンズの公式 $1/f = 1/s_1 + 1/s_2$ を仮定してパラメーター関数 $y \approx f(x,p)$ をつくれ．ここで s_1 と s_2 は，それぞれレンズと物体の距離とレンズと像の距離である．最小二乗法によって f の最良値と標準偏差を求めよ．この関数によるフィッティングの妥当性を論ぜよ．Python コードを用いよ．

7・6 $w_i = c/\sigma_i^2$ と置き，c を消去して (7・42) 式を証明せよ．

7・7 時系列にドリフトがあるかを検定する目的で，最小二乗フィットに F 検定を適用することができる．そのような時系列としては，たとえば定常的なゆらぎを生成するはずのシミュレーションで得られる時間依存変数がある．$N(0,1)$ の正規分布から 100 個の乱数を発生させよ．$f_i = ai + b$ で最小二乗法による当てはめを行って最良推定値 $\hat{a}$ と $\hat{b}$ を求め，さらに a の標準誤差を計算せよ．二つの方法でドリフトが有意であるかを調べることができる．第一に a がゼロではない確率，つまり $|a| \leq |\hat{a}|$ となる両側確率を評価することができる．スチューデントの t 分布が適切であるが，正規分布を用いてもよい．なぜなら自由度が多ければ t 分布はほぼ正規分布と同等になるからである．第二は F 検定を用いることである．SSR と SSE を計算し，線形回帰モデルの有意性を検証せよ．これらの作業は，新たに乱数標本をいくつか生成して別々に行い，二つの結果を比較せよ．有意な結果を得るためには，データにドリフト項を加える必要があるかもしれない．

■ 注意 ■ これを行うには report 関数をよび出すのが最も簡単である．p.183 の Python コード 5・2 を参照．

8

ベイズに帰る：
確率分布としての知識

　本章では，椅子に深く腰掛けて何をしているか，なぜするのか，結論が意味することは何かについてじっくりと考えることをする．手元にあるのは，理論と実験データである．理論には未知パラメーターあるいは十分な情報のないパラメーターが含まれている．理論を確かなものにするために，またパラメーターを決定するか改良するためにデータを用いたい．データには不確かさがあり，データから推論されるものすべてにも不確かさがある．理論があるので，データの確率分布を知ることができるか，計数によって導出することができる．しかし，その逆，実験データからパラメーターの確率分布を推論することは別の種類の話であり，主観のはいる余地がある．主観を交えた計量を受入れない科学者は，それを仮説とみなして検定を行わざるをえない．それ以上はベイズの考えを知る必要がある．

8・1　直接および逆の確率

　ある時間，たとえば1ミリ秒の間に，たとえば1マイクロボルトのレンジの微小な一定電圧を計測する高感度デジタル電圧計の表示を考えよう．実験を何度も繰返す．熱ゆらぎのためにランダム雑音が電圧計自体の入力回路でも発生するので，観測値 y_i は確率分布 $f(y_i-\theta)$ からの標本となる．ここで θ は信号源の真の電圧である．標本を多数集めることによって f を決定することができる．雑音源となる物理的過程についてわかっている場合には，分布関数を予測することすら可能である．たとえば，平均頻度 θ でランダムに発生する光パルスを一定の時間間隔 Δt で観測すれば，その計数値 k はポアソン確率分布 $f(k, \theta \Delta t)$ に従う．そのような（条件つ

8・1 直接および逆の確率

き）確率 $f(y|\theta)$ は，**直接確率**（direct probability）とよばれる．それは事象を直接計数したり，ランダム過程の対称性を考えることの結果として生じる．本章では f の記号をそのような直接確率に用いる．なお，直接確率は**物理的確率**ともよばれる．

さて，物理定数の値，たとえばアボガドロ数 N_A の値を考えよう．これは純粋な ^{12}C の 12 グラムに含まれる原子の個数である．CODATA によれば，値は $(6.022\,141\,79 \pm 0.000\,000\,30) \times 10^{23}$ である．この数値はきっちり厳密ではなく，せいぜい N_A に対する確率分布 $p(N_A)$ がわかるだけと考えるべきであろう．たとえば，平均値が $6.022\,141\,79 \times 10^{23}$，標準偏差が 3.0×10^{16} の正規分布といった具合である．しかし，この種の確率分布は何を意味するのであろうか．何度も行った類似の実験の結果を計数して得られる度数分布ではない．なぜなら，もし独立な計測が多数あったのなら，CODATA 委員会はこれらを平均し，別の平均と標準偏差を提案したであろう．同様に"明日雨になる確率は 30% です"という気象予報士の予報，あるいは"患者の手術が成功する確率は 95% です"という外科医の予想は，繰返すことのできない一回の事象についての発言である．そのような確率は，実験を繰返し計数した結果というよりは，過去の経験に基づいた確信である．哲学者はそのような確率を認識論的[*1]という．ほかの名称は主観的，あるいは**逆確率**（inverse probability）である．

18 世紀後半以来[*2]，ラプラス学派にとって直接確率と逆確率の区別は明瞭であった．しかし，多くの科学者は逆確率の主観性を嫌った．急先鋒は有名な統計学者のフィッシャー（R.A.Fisher）である．彼は 20 世紀前半に統計的手法を数多く展開させた．それらは直接確率における**頻度**の定義に基づいている．尤度を導入することによって彼は逆確率を使うことを避けた．

完全に客観的とはいえない物理学的概念に対して批判的になるのはもっともなことである．主観的バイアス，任意性，偏った考え，これらに捉われて結果を解釈しかねない．したがって，もし逆確率を用いて知識を表現するのであれば，その確率にバイアスが掛かっていてはだめであり，また証明できない情報を含んでいてはならない．しかしこの制限のもと，実験データからモデルパラメーターを推論するうえで逆確率は力を発揮する．

[*1] epistemic（認識論的）という言葉はギリシャ語の *epistèmè*（知識）に由来する．Skyrms（1966）が確率を議論するなかで用いたのが最初である．
[*2] 統計的推論の歴史については Hald（2007）を参照．

20世紀中頃から逆確率を構築することがしだいに優勢になり，近年では完全に復活した．これをベイズ流の手法という．

8・2 ベ イ ズ 登 場

トーマス・ベイズの死後，プライスによって刊行された彼の二つの論文（1763年，1764年）において，逆確率を構築する方法，いわゆるベイズ法の原理が，組合わせ問題を議論するなかで使われた．10年後，この概念がラプラスによって考究された．その概念は，逆確率*で扱うことにすればきわめて簡単である．

二つの事象 T と E を考えよう [T は theory（理論）からきており，理論パラメーターをさす．E は experiment（実験）からきており，観測量をさす]．**結合確率** $p(\mathrm{T,E})$ は一つの事象の**周辺確率**と，もう一方についての**条件つき確率** $p(\mathrm{T}|\mathrm{E})$ の積で表される．

$$p(\mathrm{T,E}) = p(\mathrm{T})\,p(\mathrm{E}|\mathrm{T}) = p(\mathrm{E})\,p(\mathrm{T}|\mathrm{E}) \qquad (8\cdot 1)$$

この式は，理論が与えられていれば，T の**事後確率**（posterior probability）$p(\mathrm{T}|\mathrm{E})$，つまり実験結果がわかった後の確率が T の**事前確率**（prior probability）$p(\mathrm{T})$，つまり実験結果がわかる前の確率と実験結果の確率の積に比例することを意味している．

$$p(\mathrm{T}|\mathrm{E}) \propto p(\mathrm{T})\,p(\mathrm{E}|\mathrm{T}) \qquad (8\cdot 2)$$

比例定数は，実際には規格化定数である．その値は T のすべての可能性に対して右辺を足すか積分し，逆演算をすることによって得られる．

われわれの用語でいえば（直接確率を f で表し，逆確率を p で表して），一連のパラメーター $\boldsymbol{\theta}$ を含む理論とデータセット $\boldsymbol{y}$ があるなかで，パラメーターについての事後確率は次式で与えられる．

$$p(\boldsymbol{\theta}|\boldsymbol{y}) = c\,f(\boldsymbol{y}|\boldsymbol{\theta})\,p_0(\boldsymbol{\theta}) \qquad (8\cdot 3)$$

ここで $p_0(\boldsymbol{\theta})$ はパラメーターの事前確率密度関数である．またこれは，実験結果を知る前に $\boldsymbol{\theta}$ についてもっている知識を表している．定数 c は，

$$c^{-1} = \int f(\boldsymbol{y}|\boldsymbol{\theta})\,p_0(\boldsymbol{\theta})\,\mathrm{d}\boldsymbol{\theta} \qquad (8\cdot 4)$$

で与えられ，積分は $\boldsymbol{\theta}$ がとりうるすべての値にわたって行う．ここでパラメーター

---

* ベイズ推論による統計問題の取扱いについては，とりわけ Box and Tiao (1973) および Lee (1989) を参照のこと．Cox (2006) は，統計的推論に対する頻度論的アプローチとベイズ的アプローチとを比較している．

が連続値をとることを仮定したが（p は確率密度関数），離散値をとっても差し支えない．その場合，積分は総和になり，p は確率質量関数である．同様に直接確率 $f(\boldsymbol{y}|\boldsymbol{\theta})$ は連続的でも離散的でもよい．

8・3　事前確率をどう選ぶか

事前確率分布 p_0 にバイアスが掛かっていてはならない．それは以前に行った実験にのみ依存してよく，(8・3)式に類似の方程式で導出される．もしそのような実験的情報がわかっていないのであれば，事前情報は少ない方がよい．証明可能なデータに依存しない情報を事前分布に組込むことは，偏見を持込むことになる．

事前情報が最も少ないのは定数であり，すべての値が等確率である．確率密度関数（pdf）に定数を提案するのはいささか奇妙に聞こえる．きちんとした pdf は規格化されていなければならない．つまり，定義域で積分して1にならなければならない．規格化できない確率密度は**インプロパー**（improper，不適切）であるという．しかし，f が有限の値をとる範囲を超えたところで p_0 が0をとることにすれば，定数をとる pdf を受入れることができる．直接確率 $f(\boldsymbol{y}|\boldsymbol{\theta})$ はピークをもつ関数であり，積分すれば有限の値をとる．よって，(8・4)式の積分は $p_0=1$ でも存在するから，インプロパーな事前分布を許しても構わないことになる．

事前確率を受入れるにあたって一つの客観的要件がある．それは，パラメーターの変換に際して正しくスケーリングされねばならないということである．**位置パラメーター**（location parameter）μ を取上げよう．このパラメーターは $(-\infty,\infty)$ に存在する**加算性因子**（additive factor）であり，線形変換 $\mu'=a\mu+b$ で置き換えることができる．μ について一様な分布は μ' についても一様でなければならないが，これは確かに成り立つ．なぜなら，$p(\mu)d\mu=p'(\mu')d\mu'$，$d\mu'=ad\mu$，$p'=p/a$ であり，p が定数であれば一様であるからである．さて，**スケールパラメーター**（scale parameter）σ を取上げよう．このパラメーターは $(0,\infty)$ に存在する**乗算性因子**（multiplicative factor）であり，$c\sigma$ でも σ^2 でも σ^{-1} でも置き換えることができる．また $\sigma'=b\sigma^a$ の変換でも置き換えができる．明らかに変数 $\log\sigma$ は $\log\sigma'=a\log\sigma+\log b$ であるから線形変換である．よって分布は $\log\sigma$ について一様でなければならない．このことは，$d\log\sigma=d\sigma/\sigma$ により，かかわりのない（知らない）事前確率は，$1/\sigma$ に比例すべきであることを意味している．まとめると〔この規則は Jeffreys（1939）による〕以下のように言い表すことができる．すなわち，"最も事前情報の少ない（知らない，かかわりのない，バイアスのない）インプロ

パーな事前確率関数 $p_0(\theta)$ は，θ が位置パラメーターであれば 1 であり，θ がスケールパラメーターであれば $1/\theta$ である".

8・4 ベイズ推論の三つの例
8・4・1 知識の更新：アボガドロ数

CODATA によればアボガドロ数の逆確率密度関数が次式で表される．

$$p_0(N_A) \propto \exp\left[-\frac{(N_A - \mu_0)^2}{2\sigma_0^2}\right] \qquad (8 \cdot 5)$$

ここで $\mu_0 = 6.022\,141\,79 \times 10^{23}$ および $\sigma_0 = 3.0 \times 10^{16}$ である．

N_A について信頼できる値を新しく測定した科学者がいるとしよう．測定値は $y = 6.022\,141\,48 \times 10^{23}$ であり，実験誤差の解析から y が正規分布 $N(y - N_A, \sigma_1)$ からの標本とみなしてよい．ここで $\sigma_1 = 7.5 \times 10^{16}$ である．

これらのデータを (8・3) 式に代入して，

$$p(N_A|y) \propto \exp\left[-\frac{(y - N_A)^2}{2\sigma_1^2}\right] \exp\left[-\frac{(N_A - \mu_0)^2}{2\sigma_0^2}\right] \qquad (8 \cdot 6)$$

指数部分を計算すると（とりあえず $-\frac{1}{2}$ を省略して），

$$\frac{(y - N_A)^2}{\sigma_1^2} + \frac{(N_A - \mu_0)^2}{\sigma_0^2} \qquad (8 \cdot 7)$$

$$= (\sigma_0^{-2} + \sigma_1^{-2})\left[N_A^2 - 2N_A \frac{\mu_0 \sigma_0^{-2} + y\sigma_1^{-2}}{\sigma_0^{-2} + \sigma_1^{-2}} + \cdots\right] \qquad (8 \cdot 8)$$

$$= \frac{(N_A - \mu)^2}{\sigma^2} + \cdots \qquad (8 \cdot 9)$$

が導かれる．ここで，

$$\mu = \frac{\mu_0 \sigma_0^{-2} + y\sigma_1^{-2}}{\sigma_0^{-2} + \sigma_1^{-2}} \qquad (8 \cdot 10)$$

$$\sigma^{-2} = \sigma_0^{-2} + \sigma_1^{-2} \qquad (8 \cdot 11)$$

である．ゆえに，N_A についての事後逆確率密度関数は平均値と分散がそれぞれ加重平均となっている正規分布である（p.76 の練習問題 5・7 も参照）．

$$p(N_A|y) \propto \exp\left[-\frac{(N_A - \mu)^2}{2\sigma^2}\right] \qquad (8 \cdot 12)$$

この結果は，事前 pdf (8・5) 式のパラメーター μ_0 と σ_0 が，事後 pdf (8・12) 式の

8・4・2 一連の正規分布した標本からの推論

未知の μ と未知の σ をパラメーターとする正規分布からの n 個の独立な標本が実験データであるとしよう．平均と標準偏差について事前情報を何も持ち合わせていないので，つぎの無情報の事前確率分布を採用する．

$$p_0(\mu,\sigma) = 1/\sigma \tag{8・13}$$

なぜなら μ は位置パラメーター，σ はスケールパラメーターだからである．データが独立であるから，n 個の値 $y_i, i=1,\cdots,n$ を観測する確率は，すべての測定について確率の積である．すなわち，

$$f(\boldsymbol{y}|\mu,\sigma) = \Pi_{i=1}^{n} \frac{1}{\sigma\sqrt{2\pi}} \exp\left[-\frac{(y_i-\mu)^2}{2\sigma^2}\right] \tag{8・14}$$

$$\propto \sigma^{-n} \exp\left[-\frac{1}{2\sigma^2}\sum_{i=1}^{n}(y_i-\mu)^2\right] \tag{8・15}$$

この式は，

$$\sigma^{-n} \exp\left[-\frac{(\langle y\rangle - \mu)^2 + \langle(\Delta y)^2\rangle}{2\sigma^2/n}\right] \tag{8・16}$$

と書き直すことができる．ここで，

$$\langle y\rangle = \frac{1}{n}\sum_{i=1}^{n} y_i \tag{8・17}$$

および，

$$\langle(\Delta y)^2\rangle = \frac{1}{n}\sum_{i=1}^{n}(y_i - \langle y\rangle)^2 \tag{8・18}$$

である．事後確率密度関数については次式が得られる．

$$p(\mu,\sigma|\boldsymbol{y}) \propto \sigma^{-(n+1)} \exp\left[-\frac{(\mu - \langle y\rangle)^2 + \langle(\Delta y)^2\rangle}{2\sigma^2/n}\right] \tag{8・19}$$

比例定数は右辺を μ と σ の両方について積分して得られる．この場合，積分を解析的に表すことができるが，数値積分で決める方が容易なことが多い．

パラメーターの確率分布 (8・19) 式がデータセットの二つの性質，平均と平均二乗偏差のみで与えられることに留意しよう．データセットの統計についてすべてを知るには，これらの二つの性質で明らかに十分である（**十分統計量**）．しかし，標本が正規分布に由来することがすでにわかっている場合にのみ正しい．

(8・19) 式の pdf は**二変量**である．$\langle y\rangle=0$ および $\langle(\Delta y)^2\rangle=1$ の標本 10 個の例に

ついて等高線で表したものが図 8・1 である.等高線の内側の値は積分確率を表す.

二変量ベイズ確率分布 $p(\mu, \sigma)$

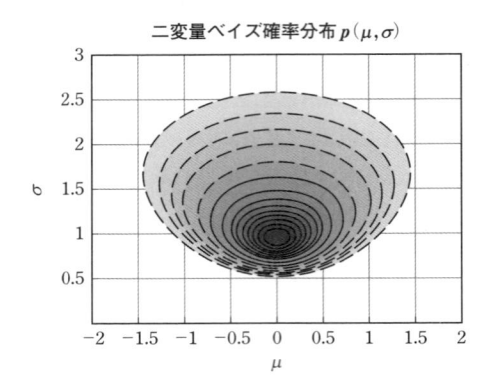

図 8・1 ベイズの二変量逆 pdf の等高線プロット.平均 μ と標準偏差 σ の関数である.正規分布に従う 10 個の独立な実験的標本についてプロットした.平均は 0,rmsd は 1 にそれぞれ等しい.実線の等高線の高さ,つまり積分確率は内側から外側に向かって $0.9, 0.8, \cdots, 0.1$ であり,破線では $0.05, 0.02, 0.01, 0.005, 0.002$ である.

実際には,1 次元分布関数が使われることの方が多い.まず μ の pdf(図 8・2)を考えよう.

ベイズ確率分布 $p(\mu|y)$(標本数10)

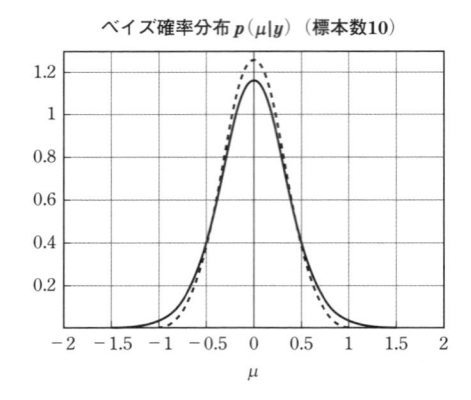

図 8・2 μ に対するベイズの事後 pdf.平均が 0,rmsd が 1 の正規分布に従う 10 個の独立な実験的標本についてのプロット.実線は未知の σ に対する周辺確率密度関数 $p(\mu|\mathbf{y})$,破線は既知の $\sigma=1$ に対する $p(\mu|\mathbf{y},\sigma)$ である.

既知の σ に対しては,(8・19)式から μ についての事後 pdf が $\langle y \rangle$ のまわりの正規分布であることがわかる.分散は σ^2/n であり,この pdf は次式で表される.

$$p(\mu|\boldsymbol{y},\sigma) \propto \exp\left[-\frac{(\mu-\langle y\rangle)^2}{2\sigma^2/n}\right] \quad (8\cdot20)$$

未知の σ に対しては，この確率をすべての可能な σ の値について積分して μ の**周辺分布**

$$p(\mu|\boldsymbol{y}) = \int_0^\infty p(\mu,\sigma|\boldsymbol{y})\mathrm{d}\sigma \quad (8\cdot21)$$

が得られる．この積分は，

$$\int_0^\infty \sigma^{-(n+1)}\exp\left(-\frac{q}{\sigma^2}\right)\mathrm{d}\sigma \quad (8\cdot22)$$

に比例する．ここで，

$$q = \frac{1}{2}n\left[(\mu-\langle y\rangle)^2 + \langle(\Delta y)^2\rangle\right] \quad (8\cdot23)$$

である．

q/σ^2 を新しい変数で置き換えれば**ガンマ関数**（Gamma-function）*が得られる．積分は，

$$p(\mu|\boldsymbol{y}) \propto \left(1+\frac{(\mu-\langle y\rangle)^2}{\langle(\Delta y)^2\rangle}\right)^{-n/2} \quad (8\cdot24)$$

に比例する．この式は変数 t および自由度 $\nu=n-1$ に対するスチューデントの t 分布密度関数 $f(t|\nu)$ に厳密に等しく，つぎのように表される．

$$f(t|\nu) \propto \left(1+\frac{t^2}{\nu}\right)^{-(\nu+1)/2} \quad (8\cdot25)$$

$$t = \sqrt{\frac{(n-1)(\mu-\langle y\rangle)^2}{\langle(\Delta y)^2\rangle}} = \frac{\mu-\langle y\rangle}{\hat{\sigma}/\sqrt{n}} \quad (8\cdot26)$$

ここで $\hat{\sigma}^2 = [n/(n-1)]\langle(\Delta y)^2\rangle$ である．t 分布についてさらに詳しいことは，p.223 のスチューデントの t 分布のデータシートを参照のこと．

つぎに σ に対する pdf を考えよう．μ がもしわかっていれば，pdf は (8·19) 式で与えられる．図 8·3 は上で用いた例についての $p(\sigma|\boldsymbol{y},\mu=0)$ である．事前に μ がわかっていないのがふつうである．したがって，ベイズの事後確率はつぎの周辺確率密度関数となる．

$$p(\sigma|\boldsymbol{y}) = \int_{-\infty}^\infty p(\mu,\sigma|\boldsymbol{y})\mathrm{d}\mu \quad (8\cdot27)$$

$$\propto \sigma^{-n}\exp\left[-\frac{\langle(\Delta x)^2\rangle}{2\sigma^2/n}\right] \quad (8\cdot28)$$

---

* 訳注：$\Gamma(x)=\int_0^\infty t^{x-1}\mathrm{e}^{-t}\mathrm{d}t$ で定義される．x が正整数であれば $\Gamma(x)=(x-1)!$ である．

図 8・3 からわかるように，μ が事前にわかっていなければ σ は少し大きく，より不正確なデータである．

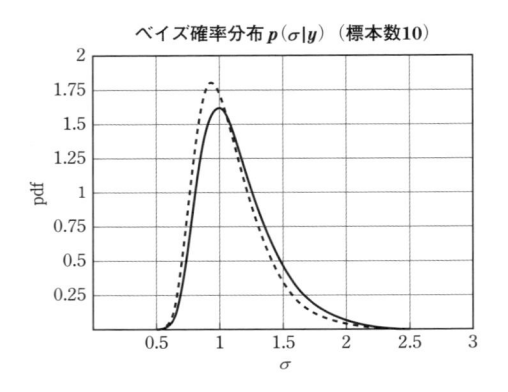

図 8・3 σ に対するベイズの事後 pdf．平均が 0，rmsd が 1 の正規分布に従う 10 個の独立な実験的標本についてのプロット．実線は未知の μ に対する周辺 $p(\sigma|\mathbf{y})$，破線は既知の $\mu=1$ に対する $p(\sigma|\mathbf{y},\mu)$ である．

8・4・3 少数の事象から速度定数を推論する

速度過程の標本として単一の事象を観測することを考えよう．この例としては，$t=0$ で励起された発光源からの単一パルスがある．また，タンパク質のシミュレーションにおいて，$t=0$ での周囲環境変化のために不安定になったタンパク質のコンフォメーション変化の観測がある．また，隕石を発見する時間間隔，あるいはたまにしか観測できない事象がある．手持ちの理論によれば，これらは微小な時間間隔 Δt の間に一定確率 $k\Delta t$ で事象が発生するという単純な速度過程である．そして n 個の独立な事象を t_i，$i=1,\cdots,n$ の時刻あるいは間隔において観測する．速度定数 k についてどのようなことがいえるであろうか．

ベイズ流のアプローチでは，最初の事象が起こった後で逆事後確率

$$p_1(k|t_1) \propto f(t_1|k)\, p_0(k) \tag{8・29}$$

を決定したい．ここで $f(t|k)$ は，速度定数 k のもとで時刻 t に事象が起こる直接確率である．この式を導出するのは容易である．時間を微小間隔 Δt で分割して $t/\Delta t = m$ とする．パルスが m 番目の間隔で発生し，その前には起こらない確率は $(1-k\Delta t)^{m-1} k\Delta t$ である．$\Delta t \to 0$，$m \to \infty$ の極限をとれば，

$$f(t|k) = k e^{-kt} \tag{8・30}$$

となる．k はスケールパラメーターであるから事前逆確率 $p_0(k)$ は $1/k$ としなけれ

8・4 ベイズ推論の三つの例

ばならない. よって,

$$p_1(k|t_1) \propto e^{-kt_1} \tag{8・31}$$

時刻 t_2 で第二の事象を観測したら, この確率はつぎのように更新される.

$$p_2(k|t_1,t_2) \propto k e^{-kt_2} e^{-kt_1} \tag{8・32}$$

さらに n 回目の事象を観測したら,

$$p_n(k|t_1,\cdots,t_n) \propto k^{(n-1)} \exp[-k(t_1+\cdots+t_n)] \tag{8・33}$$

が得られる. 一般に, 観測した時間間隔の平均値が $\langle t \rangle$ であり, この関数を積分することによって比例定数を求めれば次式が導かれる.

$$p_n(k|t_1,\cdots,t_n) = \frac{(n\langle t \rangle)^n}{(n-1)!} k^{n-1} \exp(-kn\langle t \rangle) \tag{8・34}$$

この関数のグラフを $n=1,2,3,4,5,7,10$ について描いたものが図 8・4 である.

速度過程に対するベイズの pdf

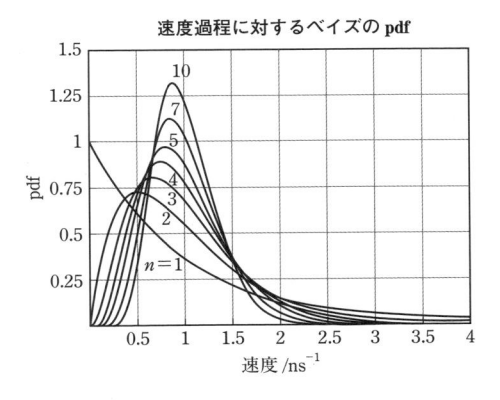

図 8・4 速度パラメーター k に対するベイズの事後 pdf. n の独立な事象間隔（時間）が入力データである. この例では, 平均の観測時間は 1 ns である. pdf は, $n=1,2,3,4,5,7,10$ について描いてある.

よって観測時刻の平均値は十分統計量であり, k について知りうることすべてを決定する. k の分布と分散についての期待値は容易に次式で表される.

$$\hat{k} = E[k] = \frac{1}{\langle t \rangle} \tag{8・35}$$

$$\hat{\sigma}^2 = E[(k - \langle k \rangle)^2] = \frac{1}{n\langle t \rangle^2} \tag{8・36}$$

後者は $\hat{\sigma} = \hat{k}/\sqrt{n}$ を意味する. いつものように, 相対標準誤差は観測回数の平方根に従って減少する.

本書で以前，$n=7$ を用いた（p. 14 の図 2・5）．そこでは代表点について三つの異なる見積りが実行されていて，平均（1.00），メジアン（中央値，0.95），モード（最頻値，0.86）である．いずれも平均から標準偏差（0.38）の範囲内に収まっているので，どれが最良かについて論争するのは無意味である．

8・5 結 論

上記の例では確率密度関数でもって知識が表現されている．これらには実際よりもずっと正確に見えるという不利な点が一つある．そのような確率分布は，理論と実験から導出されるパラメーターについてどれだけわかっていないのかを示しているにすぎない．そのことを注意しておこう．最良な値というものは，必ずしも厳密な平均値でもないし，厳密なモード値でもなく，分布幅の範囲内のどこにあってもよい．数字の桁数を正しく報告するように心がけよう．

逆確率を使うことを断固拒否するのであればどう進めればよいか．まず第一に，パラメーターの尤度（もっともらしさ）を測定値の直接確率に等しいと定義してごまかすことができる．すなわち，

$$l(\theta|y) = f(y|\theta) \tag{8・37}$$

とする．一様な事前分布を仮定すれば，これはもちろん事後ベイズ確率と等価である．スケールパラメーターについては不整合が予想される．統計量に名前をつけ替えても問題は解決しないが，問題を隠すことはできる．

第二に，値を予想するより，仮説を検証することに限定してもよい．統計的結果に影響を及ぼすかもしれない外部因子の効果を評価するのには有用である．帰無仮説では，通常，外部因子が効果をもたないと仮定する．そして，帰無仮説のもとではすでに起こった結果が起こらないはずであることの証明を試みる．それは無理とわかっているので，別の仮説（その外部因子は効果をもつ）が正しいことを受入れる．この処理では逆確率を避けているが，その代わり得られるものはほとんど何もない．外部因子の効果が何であるかも知りたいし，実験によって答えを見つけるべき多くの質問がこの処理の埒外にある．

第 8 章のまとめ

この章では，ベイズ流の視点に立って統計を考え，逆確率という考え方を導入した．理論に含まれるパラメーターの確率関数についての知識すべてを表現すること

が，簡単な規則でできるようになる．知識には最新の実験の結果も含まれる．三つの例においてつぎのことが示された．新しい実験データでもって手持ちの知識を更新することができるか，あるいは，事前の知識がなければ，限られた実験データから得られた知識を確率分布で表すことができる．この章の導入部では，椅子に深く腰掛けてじっくりと考えようと述べた．それでは，椅子に深く腰掛けて自分自身で結論を出してみよう．

参 考 文 献

Abramowitz, M., Stegun, I.A., "Handbook of Mathematical Functions", Dover Publications, New York (1964).

Barlow, R., "Statistics-A Guide to the Use of Statistical Methods in the Physical Sciences", Wiley, New York (1989).

Bayes, T., *Phil. Trans. Roy. Soc.*, **53**, 370-418 (1763). Reprinted in *Biometrika*, **45**, 293-315 (1958).

Bayes, T., *Phil. Trans. Roy. Soc.*, **54**, 296-325 (1764).

Berendsen, H.J.C., "Goed Meten met Fouten", University of Groningen (1997).

Berendsen, H.J.C., "Simulating the Physical World", Cambridge University Press, Cambridge (2007).

Bevington, P.R., Robinson, D.K., "Data Reduction and Error Analysis for the Physical Sciences", 3rd ed. (1st ed.1969), McGraw-Hill, New York (2003).

Beyer, W.H., "CRC Standard Probability and Statistics Tables and Formulae", CRC Press, Boca Raton, Fla (1991).

Birkes, D., Dodge, Y., "Alternative Methods of Regression", Wiley, New York (1993).

Box, G.E.P., Tiao, G.C., "Bayesian Inference in Statistical Analysis", Addison-Wesley, Reading, Mass (1973).

Cox, D.R., "Principles of Statistical Inference", Cambridge University Press, Cambridge (2006).

Cramér, H., "Mathematical Methods of Statistics", Princeton University Press, Princeton, NJ (1946).

CRC Handbook., "Handbook of Chemistry and Physics", CRC Press, Boca Raton, Fla (each year).

Efron, B., Tibshirani, R.J., "An Introduction to the Bootstrap", Chapman & Hall, London (1993).

Frenkel, D., Smit, B., "Understanding Molecular Simulation. From Algorithms to Applications", 2nd ed., Academic Press, San Diego (2002).

Gardner, M., "Fads and Fallacies in the Name of Science", Dover Publications, New York (1957).

Gosset, W.S., ' The probable error of a mean', *Biometrica*, **6**, 1 (1908).

Hald, A., "A History of Parametric Statistical Inference from Bernoulli to Fisher, 1713-1935", Springer, New York (2007).

Hammersley, J.M., Handscomb, D.C., "Monte Carlo Methods", Chapman and Hall, London (1964).

Hess, B., 'Determining the shear viscosity of model liquids from molecular dynamics simulations' *J. Chem. Phys.*, **116**, 209-217 (2002).

Huber, P.J., Ronchetti, E.M., "Robust Statistics", 2nd ed., Wiley, Hoboken, NJ (2009).

Huff, D., "How to Lie with Statistics", Penguin Books, Harmondsworth (1973).

Jeffreys, H., "Theory of Probability", Oxford University Press, Oxford (1939).

Lee, P.M., "Bayesian Statistics : An Introduction", Oxford University Press, New York (1989).

Petruccelli, J., Nandram, B., Chen, M., "Applied Statistics for Engineers and Scientists", Prentice Hall, Upper Saddle River, NJ (1999).

Press, W.H., Teukolsky, A.A., Vetterling, W.T., Flannery, B.P., "Numerical Recipes, The Art of Scientific Computing", 2nd ed., Cambridge University Press, Cambridge (1992).

Price, N.C., Dwek, R.A., "Principles and Problems in Physical Chemistry for Biochemists", 2nd ed., Oxford Press, Clarendon Press (1979).

Skyrms, B., "Choice and Chance", Wadsworth Publishing, Belmont, Cal (1966).

Straatsma, T.P., Berendsen, H.J.C., Stam, A.J., 'Estimation of statistical errors in molecular simulation calculations', *Mol. Phys.*, **57**, 89 (1986).

Taylor, J.R., "An Introduction to Error Analysis. The Study of Uncertainties in Physical Measurements", 2nd ed. (1st ed.1982), University Science Books, Sausalito, Cal (1997).

Van Kampen, N.G., "Stochastic Processes in Physics and Chemistry", North-Holland, Amsterdam (1981).

Walpole, R.E., Myers, R.H., Myers, S.L., Ye, K., "Probability and Statistics for Engineers and Scientists", 8th rev. ed., Prentice Hall, Upper Saddle River, NJ (2007).

Wolter, K.M., "Introduction to Variance Estimation", Springer, New York (2007).

練習問題の解答

第 2 章

2・1 a) $l = 31.3 \pm 0.2$ m(精度が 20 ± 1 cm であれば,$l = 31.30 \pm 0.20$ m); b) $c = 15.3 \pm 0.1$ mmol dm^{-3}; c) $\kappa = 252$ S/m; d) $k/\mathrm{L\ mol^{-1}\ s^{-1}} = (35.7 \pm 0.7) \times 10^2$ または $k = (35.7 \pm 0.7) \times 10^2$ L mol^{-1} s^{-1}; e) $g = 2.00 \pm 0.03$

2・2 a) 173 Pa; b) 2.31×10^5 Pa $= 2.31$ bar; c) 2.3 mmol/L; d) 0.145 nm または 145 pm; e) 24.0 kJ/mol; f) 8400 kJ(kcal のつもりで cal または Cal と書くことがよくあるので注意); g) 1230 N; h) 2.0×10^{-4} Gy; i) 0.080 L/km または 8.0 L/100 km; j) 6.17×10^{-30} C m; k) 1.602×10^{-40} F m^2

第 3 章

3・1 a) 3.00 ± 0.06(相対誤差 2%); b) 6.0 ± 0.3(相対誤差 $\sqrt{3^2 + 4^2}$%); c) 3.000 ± 0.001.$\log_{10}(1 \pm \delta) = 0.434 \ln(1 \pm \delta) \approx \pm 0.434\delta = 0.00087$ に留意しよう.両方の境界値を計算する方が簡単かもしれない.$\log_{10} 998 = 2.99913$ そして $\log_{10} 1002 = 3.00087$; d) 2.71 ± 0.06(相対誤差 $\sqrt{1.5^2 + 1^2}$%).

3・2 $k = \ln 2 / \tau_{1/2}$.k の相対誤差は $\tau_{1/2}$ の相対誤差に等しい.$\ln k$ の絶対誤差は k の相対誤差に等しい.つまり,$\sigma(\ln k) = \sigma(k)/k$.以下の値が得られる.

$\dfrac{1000}{T/K}$	k/s^{-1}	$\ln(k/\mathrm{s}^{-1})$
1.2771	$(0.347 \pm 0.017) \times 10^{-3}$	-7.97 ± 0.05
1.2300	$(1.155 \pm 0.077) \times 10^{-3}$	-6.76 ± 0.07
1.1862	$(2.89 \pm 0.24) \times 10^{-3}$	-5.85 ± 0.08
1.1455	$(7.70 \pm 0.86) \times 10^{-3}$	-4.87 ± 0.11

対数プロットのための Python コード

```
autoplotp([Tinv,k],yscale = 'log',ybars = sigk)
```

ここで,`Tinv`, `k`, `sigk` には表の値を入力する.

3・3 9.80 ± 0.03(相対誤差は $\sqrt{0.2^2 + (2 \times 0.1^2)} = 0.28$%).

3・4 $-\Delta G^{\ddagger} = RT \ln(kh/k_\mathrm{B}T)$ であるから,T についての導関数は $(\Delta G^{\ddagger}/T) + R$ に等しい.すなわち $(30\,000/300) + 8.3 = 108.3$.このことは T が ± 5 ℃ず

れれば $\Delta G^{\ddagger}$ が $108.3 \times 5 = 540$ J/mol ずれることを意味する．

3・5 $r=1$ の体積は 4.19 mm^3 に等しい．実際に標本を生成してみたところ，1000 個の標本の平均は 4.30 mm^3 であり，標準偏差は 1.27 であったとすると，単純に公式から求めた体積の系統誤差は -0.11 であり，標準偏差よりずっと小さい．

第4章

4・1 $f(0) = 0.598\,74$; $f(1) = 0.315\,12$; $f(2) = 0.074\,635$; $f(3) = 0.010\,475$; $f(4) = 0.000\,965$

4・2 つぎの値を求める．$1 - f(0) = 1 - 0.99^{20} = 0.182$

4・3 標本サイズが n で 1 番の候補者に投票する確率が p であれば，この候補者の票数の平均値は pn，分散は $p(1-p)n$ である（二項分布）．相対標準偏差が 0.01 であるためには $n \geq 10\,000$ でなければならない．

4・4 この分布は二項分布である．a) $\hat{p}_1 = k_0/n$; b) $\sigma_0 = \sqrt{(k_0 k_1/n)}$; c) は b) と同様; d) k_0 と k_1 における偏差が完全に逆相関していることに注意．よって $(k_1 \pm \sigma)/(k_0 \mp \sigma) = r(1 \pm \sigma k_1^{-1})/(1 \mp \sigma k_0^{-1}) = r[1 \pm \sigma(k_1^{-1} + k_0^{-1})]$．$r$ の標準偏差は $[1 + (k_1/k_0)]/\sqrt{n}$．

4・5 $\mu^k/k!$ を $k = 0$ から $k = \infty$ まで足して e^μ を得る．

4・6 ポアソン確率 $f(k, \mu)$ と累積確率 $F(k, \mu)$ をつぎのコードで発生させる．

```
from scipy import stats
f = stats.poisson.pmf
F = stats.poisson.cdf
```

a) 2.98; b) $(k \geq 8)$: $1 - F(7, 3) = 0.012$; c) 4 床; 0.185 人の患者を搬送する．ベッド数が n のときの費用を計算する関数 cost(n) 関数を，たとえば以下のように定義し，cost(n) を最小にする整数を求めることで最適化がなされる．

```
def cost(n):
    krange = arange(1,n,1)
    avbeds = (f(krange,3)*krange).sum()+n*(1-F((n-1),3))
    return (1-F(n,3))*1500.+(n-avbeds)*300
```

4・7 これはポアソン過程であり，標準偏差は観測したパルス数の平方根に等しい．光計測では 900 ± 30 パルス，暗所での計測では 100 ± 10 パルスである．光強度は $(900-100) \pm \sqrt{30^2 + 10^2} = 800 \pm 32$ に比例する．よって相対

練習問題の解答 135

的な標準偏差は 4% である．計測を 100 回繰返せば（あるいは測定時間を 100 倍に増やせば）測定値は 100 倍大きくなるが，(絶対) 誤差は 10 倍大きくなるだけである．相対誤差は 10 分の 1 (0.4%) になる．

4・8 $F(0.1)-F(-0.1)=2\times(0.5-0.4602)=0.0796$. これは $f(0)\times 0.2=0.0798$ にほとんど等しいことに注意．

4・9 $f(6)=6.076\times 10^{-9}$; $F(-6)=1.0126\times 10^{-9}(37/38+\cdots)=9.8600\times 10^{-10}$. 厳密な値 `stats.norm.cdf(-6.)` $=9.8659\times 10^{-10}$ と比較せよ．

4・10 a) 一様分布 $f(x)=1, 0\leq x<1$, は平均が 0.5, 分散が $\sigma^2=\int_0^1 (x-0.5)^2\,dx = 1/12$; である．12 個の数を加えると分散は 12 倍になる．b) と c) は，以下の Python コードを利用せよ．
```
x = randn(100)
autoplotc(x,yscale = 'prob')
```

4・11 平均 $\langle t \rangle = 1/k$, 分散 $\langle (t-k^{-1})^2 \rangle = 1/k^2$.
$\int_0^\infty t^n \exp(-kt)dt = n!/k^{n+1}$ を用いて積分を計算せよ．

4・12 SSR=115.6; SSE=154.0; $F=6.005$; cdf$(F,1,8)=0.96$; 5% 信頼水準で治療の効果は有意である．

第 5 章

5・1 いえる．図 2・1 は直線になる．$\mu=8.68$; $\sigma=1.10$. 精度は約 0.05 である．

5・2 $\frac{1}{n}\sum(x_i-\langle x \rangle)^2$ のなかの平方を計算せよ．

5・3 必要ない．$y=x-c$ を使って計算する．c を含む項が打消しあう．

5・4 ふつう，c が 10^7 を超えるとうまくいかない．つぎの Python 関数を参考にするとよい．
```
def rmsd(c):
    n = 1000
    x = randn(n) + c
    xav = x.sum()/n
    rmsd1 = ((x-xav)**2).sum()/n
    rmsd2 = (x**2).sum()/n-xav**2
    return [rmsd1,rmsd2]
```
最初の値は正しいが，二つ目の値は間違っているかもしれない．

5・5 標準偏差の推定値は $\hat{\sigma}=\sqrt{\langle(\Delta x)^2\rangle n/(n-1)}$ である．ここで，$\langle(\Delta x)^2\rangle$ は平均二乗偏差である．$n=15$ の場合，σ の標準偏差は 19% であるから $\hat{\sigma}=5\pm 1$

である．$n=200$ の場合，σ の標準偏差は 5% であるから $\hat{\sigma}=5.1\pm0.3$ である．最初の例では，平均は 75 ± 5 であり，後の例では 75.3 ± 5.1 である．

5・6 1. a) 平均値: 29.172 s; b) 平均二乗偏差: 0.0315 s^2; c) 根平均二乗偏差: 0.1775 s; d) 範囲: 28.89-29.43 s; メジアン: 29.24 s; 第1四分位数: 29.02 s; 第3四分位数: 29.33 s

2. a) 平均: 29.172 s; b) 分散: 0.0354 s^2; c) 標準偏差: 0.188 s; d): 0.063 s; e) 0.0177 s; 0.047 s; 0.016 s

3. 29.16 ± 0.06 km/h; 偏差: $+6.6\pm4\%$ km/h

4. 影響しない．スピードを維持することの誤差は測定値にそのまま反映される．

5. 80%: 29.10-29.25;   90%: 29.07-29.27;   95%: 29.06-29.28 s

6. 80%: 123.06-123.74; 90%: 123.00-123.82; 95%: 122.91-123.92 km/h

7. 80%: 123.06-123.76; 90%: 122.97-123.85; 95%: 122.88-123.94 km/h

8. 80%: 123.03-123.76; 90%: 122.91-123.90; 95%: 122.79-124.02 km/h

5・7 加重平均を使う．$N_A=6.022\,141\,89(20)$．

5・8 まず27個のとりうるすべての値でリスト z をつくる．

```
z=[-1.]+[-2./3.]*3+[-1./3.]*6+[0.]*7+[1./3.]*6
  +[2./3.]*3+[1.]
autoplotc(z,yscale='prob')
```

このプロットは (0,50%) を通る直線にフィットする．$\sigma=0.47$（厳密な値は 0.471）．

5・9 $\delta(x-a)$ の特性関数が $\exp(iat)$ に等しいことに注意しよう．$-1,0,1$ からランダムに選んだ変数 x の確率密度関数は三つのデルタ関数から成り，$\Phi(t)=\frac{1}{3}\delta(x+1)+\frac{1}{3}\delta(x)+\frac{1}{3}\delta(x-1)$ である．これらの特性関数は $\frac{1}{3}[1+\exp(-it)+\exp(it)]$ である．そのような変数 x_1,x_2,x_3 の和の確率密度関数は $f(x_1),f(x_2),f(x_3)$, のたたみ込みであり，その特性関数は $\Phi(t)^3$ に等しい．3次の項の計算によって，次式が得られる．

$[\exp(3it)+3\exp(2it)+6\exp(-it)+7+6\exp(-it)+3\exp(-2it)$
$+\exp(-3it)]/27$

このフーリエ変換は $x=-3,-2,-1,0,1,2,3$ における七つのデルタ関数を含む．もし和でなく，平均をとれば x の値は 1/3 になる．

分散は $t=0$ における特性関数の2次導関数の値，あるいは確率分布関

数から直接求められて，和については 2，平均については 2/9 である．

第 6 章

6・1 直線は $(9, 100)$ と $(188, 1)$ を通る（精度は約 1%）．$k = \ln 100/(188-9) = 0.0257$ と $c_0 = 126$ が得られる．

6・2 （桁数が多すぎるが）ラインウィーバー・バーク法によれば $K_m = 1/0.0094 = 106.383$；$v_{max} = K_m(0.04+0.0094)/0.35 = 15.015$；イーディー・ホフステー法によれば：$K_m = (15-2)/(0.120-0.007) = 115.04$；$v_{max} = 0.120 K_m + 2 = 15.805$；ヘインズ法によれば：$v_{max} = 500/(39-7.5) = 15.873$；$K_m = 7.5 v_{max} = 119.05$

6・3 横軸の $1000/T$ が 1.14 から 1.30 の範囲で k vs. $1000/T$ のグラフを描け．各データ点を通るベストな線をひくと $(1.14, 9.5\text{e}-3)$ と $(1.30, 2.0\text{e}-4)$ を通る．よって $E/1000\text{R} = [\ln(9.5\text{e}-3/2.0\text{e}-4)]/[1.30-1.14] = 24.13$ であり，$E = 200.63$ kJ/mol となる．勾配を変えると E は 191.69 と 208.24 の間の値をとるので，$E = 201 \pm 8$ kJ/mol となる．読者が求めた値はこれらの値から少々異なっていてもよい．

6・4 68.8 ± 0.6 mmol/L（単位名としてのモーラー（M, mol/L）は，今は使わない）．

第 7 章

7・1 Python プログラム `fit`（コード 7・7）を使う．$y = ax + b$ についてのベストフィットで $a = 7.23 \pm 0.31$，$b = 0.0636 \pm 0.0017$，および相関係数 $\rho_{ab} = -0.816$ が得られる．これから $v_{max} = 1/b = 15.7 \pm 0.4$ と $K_m = a/b = 114 \pm 8$ が得られる．a/b の相対誤差 δ は，

$$\delta^2 = \left(\frac{\sigma_a}{a}\right)^2 + \left(\frac{\sigma_b}{b}\right)^2 - 2\rho_{ab}\frac{\sigma_a \sigma_b}{ab}$$

から計算できる．直接，[S, v] に対して非線形フィットを適用すると $v_{max} = 15.7 \pm 0.4$ と $K_m = a/b = 115 \pm 8$ が得られる．

7・2 Python プログラム `fit`（コード 7・7）を使う．$y = -aT + b$ として $\Delta S = a = 0.259 \pm 0.013$，$b = 110.3 \pm 3.9$ および $\rho_{ab} = 0.997\,785\,16$ を得る．$T = 350$ に外挿して $\Delta G(350) = 19.81 \pm 0.71$．ここで標準偏差は，

$$\sigma_{\Delta G}{}^2 = 350^2 \sigma_a{}^2 + \sigma_b{}^2 - 2 \cdot 350 \rho_{ab} \sigma_a \sigma_b$$

から計算した．

$y = -a(T-300) + b$ として $\Delta S = a = 0.259 \pm 0.013$, $b = 32.74 \pm 0.26$ および $\rho_{ab} = 0$ を得る. $T = 350$ に外挿して $\Delta G(350) = 19.81 \pm 0.71$ が得られる. ここで標準偏差は,

$$\sigma_{\Delta G}^2 = 50^2 \sigma_a^2 + \sigma_b^2$$

から計算した.

結果は厳密に同じであるが,二つ目の場合, $\rho = 0$ なので外挿法はずっと簡単である.

7・3
$$\sigma_y^2 = \left(\frac{dy}{dt}\right)^2 \sigma_t^2 = \frac{\sigma_t^2}{t^2}$$

したがって $w_i = \sigma_y^{-2} = t_i^2/\sigma_t^2 \propto t_i^2$

7・4 $a = 71.5 \pm 3.8$; $b = 19.1 \pm 3.9$; $p = 0.0981 \pm 0.0061$; $q = 0.0183 \pm 0.0034$. これらの値はグラフから見積った値と異なることに注意. 多重の指数関数にフィッティングすることは相当に難しい. パラメーター間に強い相関があり(たとえば $\rho_{ab} = 0.98$), ときに最小値が見つからないことがある.

7・5 c をレンズ位置とすると, $yf(x,[f,c]) = c + f*(c-x)/(c-x-f)$ である. 最小二乗法フィッティングをすると $f = 55.15$; $c = 187.20$ である. $S_0 = 3.13$, 自由度は4. 共分散行列 ($S_0/4*$ leastsq の出力から) は $\sigma_1 = 0.2$; $\sigma_2 = 0.3$; $\rho = 0.91$. 結果は $f = 55.1 \pm 0.2$ mm

7・6 自分で見つけること.

7・7 プログラム report の出力に十分なコメントがある. つぎを試すとよい.
x = arange(100.);sig = ones(100)
y1 = randn(100);y2 = y1 + 0.01*x
report([x,y1,sig]) はわずかにドリフトがあるかもしれない. 一方, y2 では相当大きいドリフトがあるかもしれない.

第 II 部
付　　録

- **A1**　誤差の結合
- **A2**　ランダム誤差による系統的な偏移
- **A3**　特性関数
- **A4**　二項分布から正規分布へ
- **A5**　中心極限定理
- **A6**　分散の推定
- **A7**　平均値の標準偏差
- **A8**　分散が等しくない場合の重み因子
- **A9**　最小二乗法によるフィッティング

A1

誤 差 の 結 合

誤差が二乗で足し合わされるのはなぜか

つぎのような確率分布から取出した二つの量の和 $f=x+y$ の大きさを求めたい.

$$E[x] = \mu_x \qquad E[(x-\mu_x)^2] = \sigma_x^2 \qquad (\text{A1·1})$$

$$E[y] = \mu_y \qquad E[(y-\mu_y)^2] = \sigma_y^2 \qquad (\text{A1·2})$$

$f=x+y$ という量の期待値は,

$$\mu = \mu_x + \mu_y \qquad (\text{A1·3})$$

であり分散は,

$$\begin{aligned}
\sigma_f^2 &= E[(f-\mu)^2] = E[(x-\mu_x+y-\mu_y)^2] \\
&= E[(x-\mu_x)^2 + (y-\mu_y)^2 + 2(x-\mu_x)(y-\mu_y)] \\
&= \sigma_x^2 + \sigma_y^2 + 2E[(x-\mu_x)(y-\mu_y)] \qquad (\text{A1·4})
\end{aligned}$$

である. もし x と y が互いに独立であれば (つまり, x と y の平均からのずれが統計的に独立な標本であれば), 最後の項が消える*. その場合, 二乗誤差 (分散) は確かに足し合わされて和の二乗誤差となる.

ここでの導出法から, 二つの量の偏差の間にもし相関があれば二乗誤差を足しただけではだめであることがすぐにわかる. $E[(x-\mu_x)(y-\mu_y)]$ は x と y の**共分散** (covariance) である. 分散に対する相対値で表した共分散を**相関係数** (correlation coefficient) ρ_{xy} と言い表す. すなわち,

$$\text{cov}(x,y) = E[(x-\mu_x)(y-\mu_y)] \qquad (\text{A1·5})$$

---

* 厳密にいうと, 二つの量の間に相関がないこと, つまりそれらの共分散がゼロであることが必要である. これは独立であることよりゆるい必要条件である.

A1. 誤差の結合

$$\rho_{xy} = \frac{\text{cov}(x,y)}{\sigma_x \sigma_y} \tag{A1·6}$$

である.

和についての完全な方程式は,

$$\text{var}(x+y) = \text{var}(x) + \text{var}(y) + 2\,\text{cov}(x,y) \tag{A1·7}$$

であり,差については,

$$\text{var}(x-y) = \text{var}(x) + \text{var}(y) - 2\,\text{cov}(x,y) \tag{A1·8}$$

である.積と商については,相対的な偏差であれば次式が成り立つ.

$$\frac{\text{var}(f)}{f^2} = \frac{\text{var}(x)}{x^2} + \frac{\text{var}(y)}{y^2} \pm 2\frac{\text{cov}(x,y)}{xy} \tag{A1·9}$$

ただし,+ 記号は $f=xy$,− 記号は $f=x/y$ の場合にそれぞれ適用される.

関数 $f(x_1, x_2, \cdots)$ の分散についての一般的な方程式は,

$$\text{var}(f) = \sum_{i,j} \frac{\partial f}{\partial x_i} \frac{\partial f}{\partial x_j} \text{cov}(x_i, x_j) \tag{A1·10}$$

である.ここで $\text{cov}(x_i, x_i) = \text{var}(x_i)$ である.この式は,

$$df = \sum_i \frac{\partial f}{\partial x_i} dx_i$$

を二乗すれば導かれる.ただし,偏差が小さくてテイラー展開の 1 次の項のみを考慮すればよいという仮定は必要である.

共分散の使い方の例を示そう.いくつかのデータに対して $f(x)=ax+b$ によって(コンピュータープログラムを用いて)最小二乗法解析を行い,その結果*,

$$a = 2.30526 \qquad b = 5.21632$$
$$\sigma_a = 0.00312 \qquad \sigma_b = 0.0357 \qquad \rho_{ab} = 0.7326$$

が得られたとしよう.これらの結果は内挿あるいは外挿に使える.$f(10)$ の数値と標準偏差は,どのように予想がつくであろうか.

この目的のためにまず最初にすることは,後で足すことになる ax と b の数値,分散,共分散を求めることである.この場合,x は乗算因子であり,$\text{var}(ax)$ では 2 次,$\text{cov}(ax,b)$ では 1 次で現れる.そしてつぎの値が得られる.

$$ax = 23.0526 \qquad b = 5.21632 \qquad f = 28.26892$$
$$\text{var}(ax) = 0.00312^2 \times 10^2 \qquad \text{var}(b) = 0.0357^2$$
$$\text{cov}(ax,b) = 10 \times 0.7326 \times 0.00312 \times 0.0357$$

---

* 桁数が必要以上にあるが,統計解析の途中計算にはその方がよい.丸め誤差が避けられるからである.

(A1・7)式に挿入すれば var(f)=0.00388 が得られる．共分散を無視したのであれば var(f)=0.00225 となったであろう．こうして f の s.d. は 0.0623 とわかる．また，f の数値は $f=28.27\pm0.06$ である．

A2

ランダム誤差による系統的な偏移

　$f(x)$の曲率が無視できない場合，xがランダムに偏移することによってfが系統的にずれることがある．これはxの偏移が対称的に分布していても起こりうる．さて，厳密には同じではないが，一応半径のそろった球がいくつもあるとしよう．半径を測ると近似的に$r=1.0\pm0.1$ mm の正規分布である．したがって体積は（桁数が多すぎるが）$V=\frac{4}{3}\pi r^3=4.19$ mm^3 である．しかしながら，rの三乗を高次まで計算すると，

$$(r\pm\Delta r)^3 = r^3 \pm 3r^2\Delta r + 3r(\Delta r)^2 \pm (\Delta r)^3$$

である．Δrの分布が対称的であると仮定すれば3番目の項は常に正であり，fの期待値に効いてくる．すなわち，

$$E[r^3] = r^3 + 3r\,\text{var}(r)$$

である．もし $E[f(x)]\neq f(E[x])$ であれば**系統的な偏移**（systematic deviation），つまり**バイアス**（bias）がある．今の例では体積への寄与分は 0.13 mm^3 であり，体積の期待値は 4.32 mm^3 である．この補正がなければ体積の期待値には -0.13 のバイアスが掛かることになる．これは標準偏差そのものに比べて 1/10 の大きさであるからあまり重要ではない．しかし，この種類のバイアスを補正しなければならない場合がある．

　一般的な方程式はテイラー展開の第2項から生ずる．

$$f(x) = f(a) + (x-a)f'(a) + \frac{1}{2}(x-a)^2 f''(a) + \cdots \qquad (\text{A2}\cdot 1)$$

$$E[f] = f(E[x]) + \frac{1}{2}\frac{\mathrm{d}^2 f}{\mathrm{d}x^2}\,\text{var}(x) + \cdots \qquad (\text{A2}\cdot 2)$$

特殊な場合：指数関数の標本化

バイアスの評価を含む応用でよく知られたものを一つ紹介しよう．それは，統計的に分布した変数についての指数関数の平均を計算することである．たとえば，分子種の熱力学的ポテンシャルμを粒子挿入法[*1]の分子シミュレーション（分子動力学法またはモンテカルロ法）で計算するには，ランダムな粒子挿入を何度も繰返さねばならない．もしi回目に挿入した粒子と環境との相互作用エネルギーがE_iであれば，（理想気体に比べて）過剰な熱力学的ポテンシャルの大きさは近似的に，

$$\mu^{\text{exc}} = \beta^{-1} \ln\left[\frac{1}{N}\sum_{i=1}^{N} e^{-\beta E_i}\right] \tag{A2・3}$$

で与えられる．ここで$\beta = 1/k_\text{B}T$であり，k_B=ボルツマン定数，T=絶対温度である．シミュレーションからほかの種類の自由エネルギーを決定する際，同じ種類の平均を行う．これらの方法の物理学の詳細についてはBerendsen (2007)[*2]を参照のこと．

この種の問題における統計の本質的なところは，ランダム標本変数xの指数関数の平均として定式化できる．この変数の分布関数を$f(x)$とする．ここではそのような平均の対数

$$y = -\frac{1}{\beta}\ln\langle e^{-\beta x}\rangle \tag{A2・4}$$

に興味がある．ここで，

$$\langle e^{-\beta x}\rangle = E[e^{-\beta x}] = \int_{-\infty}^{\infty} f(x)\, e^{-\beta x} dx \tag{A2・5}$$

である．パラメーターβはxに対するスケーリングパラメーターとして機能する．xの分布確率が決まっていれば，βが大きいほど平均の統計問題が厳しくなる．その問題とは，たまに現れる負のxが平均に大きく効くことである．yをβで展開することによって感じをつかむことができる．そのような展開は**キュムラント展開**（cumulant expansion）とよばれる．話を簡単にするために$\langle x \rangle = 0$とすると，xの分布のすべてのモーメントが中心モーメントになる．任意の値aをおのおののxに加えると，yにaが加わる．キュムラント展開は[*3]，

$$y = -\frac{\beta}{2!}\langle x^2\rangle + \frac{\beta^2}{3!}\langle x^3\rangle - \frac{\beta^3}{4!}\left(\langle x^4\rangle - 3\langle x^2\rangle^2\right) + O(\beta^4) \tag{A2・6}$$

[*1] 訳注：テスト粒子法ともいう．統計力学における計算手法の一つ．
[*2] p.131 の参考文献を参照．
[*3] 訳注：Oは微小量を表すランダウの記号．

である．最後の項は微小量であることを示す．正規分布では初項のみが残るから，
$$y = -\beta/2 \tag{A2・7}$$
であり，(A2・5)式の直接積分によって確かめることができる．これは正規分布の幅によるバイアスである．x が確かに正規分布しているのなら，y は(A2・7)式から決定できる．しかし，y を x のランダムサンプリングで決めることは困難である．これを示すために，図 A2・1 では，正規分布から x を1000回サンプリングする途中で平均をとりながら，y の値がどう移り変わるかを，三つの異なる β について示している．$\beta=2$ では1000回のサンプリングでかろうじて収束するが，$\beta=4$ の場合には不十分である．

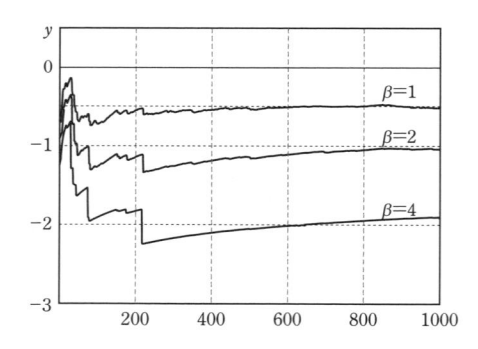

図 A2・1 正規分布（平均が 0，分散が $\sigma^2=1$）から取出した n 個の標本にわたって累積平均した $y=-\beta^{-1}\ln\langle\exp(-\beta x)\rangle$ の値．理論的極限値は -0.5β であり，点線で示してある（Berendsen, 2007 より）．

A3

特　性　関　数

　確率密度関数 $f(x)$ の特性関数

$$\Phi(t) \stackrel{\text{def}}{=} E[\mathrm{e}^{\mathrm{i}tx}] = \int_{-\infty}^{\infty} \mathrm{e}^{\mathrm{i}tx} f(x) \mathrm{d}x \tag{A3・1}$$

には興味深い性質がいくつかある．実は，$\Phi(t)$ は $f(x)$ のフーリエ変換である．このことは，二つの確率密度関数 f_1 と f_2 の**たたみ込み**〔convolution, 下記 (A3・2) 式を参照〕f_1*f_2 の特性関数は，それぞれの特性関数 Φ_1 と Φ_2 の積であることを意味している．ランダム変数 x_1 と x_2 の確率密度関数がそれぞれ f_1 と f_2 であれば，

$$f_1*f_2(x) = \int_{-\infty}^{\infty} f_1(x-\xi) f_2(\xi) \mathrm{d}\xi \tag{A3・2}$$

で定義されるたたみ込みは，二つのランダム変数の和 x_1+x_2 の密度分布関数である．フーリエ解析におけるたたみ込み定理によれば，たたみ込みのフーリエ変換は各項のフーリエ変換の積に等しい．積についてのこの規則は n 個の関数のたたみ込みについても成り立つ．

　もう一つ特性関数がもつ性質に，t についての級数展開で分布のモーメントが得られるということがあげられる．したがって，特性関数は**モーメント母関数** (moment-generating function) ともよばれる．

$$\mathrm{e}^{\mathrm{i}tx} = \sum_{n=0}^{\infty} \frac{(\mathrm{i}tx)^n}{n!} \tag{A3・3}$$

であるから，

$$\Phi(x) = E[\mathrm{e}^{\mathrm{i}tx}] = \sum_{n=0}^{\infty} \frac{(\mathrm{i}t)^n}{n!} E[x^n] = \sum_{n=0}^{\infty} \frac{(\mathrm{i}t)^n}{n!} \mu_n \tag{A3・4}$$

が導かれる．モーメントは $t=0$ における特性関数の導関数からも得られる．つまり，

$$\Phi^{(n)}(0) = \left.\frac{d^n \Phi}{dt^n}\right|_{t=0} = i^n \mu_n \qquad (A3\cdot 5)$$

μ_n はモーメントであり，中心モーメントではない．しかし，x の原点を平均の位置に選ぶことが常に可能である．

特別な場合が分散 σ^2 であり，次式が成り立つ．

$$\sigma^2 = -\frac{d^2\Phi}{dt^2}(0) \qquad (A3\cdot 6)$$

図 A3・1 は，確率密度関数と特性関数の間の関係を示している．確率密度関数は積分値で規格化されるが，特性関数は $t=0$ で常に 1 に等しい．確率密度関数が幅広であるほど特性関数の幅は狭い．

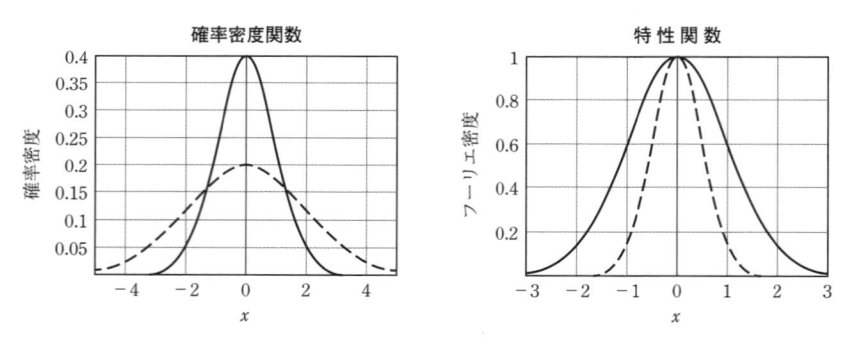

図 A3・1 左：確率密度関数（この場合，正規分布）．右：特性関数．破線の標準偏差は，実線の標準偏差の 2 倍である．

A4

二項分布から正規分布へ

A4・1 二項分布

x を観測すると 0 か 1 が得られる場合を考えよう（0 か 1 に限らず，表か裏，イエスかノー，真か偽，出席か欠席など，2 通りしかないものであればなんでもよい）．1 が得られる確率を p とすれば，$E[x]=p$ である．2 回観測するのであれば，つぎの組合わせが起こりうる：00, 01, 10, 11．連続した観測が独立に行われると仮定すれば，1 がちょうど k 回観測される確率 $f(k)$ ($k=0,1,2$) は，

$$f(0) = (1-p)^2$$
$$f(1) = 2p(1-p)$$
$$f(2) = p^2 \qquad (\text{A4}\cdot 1)$$

である．一般に独立な観測を n 回行って 1 が k 回である確率 $f(k;n)$ は，

$$f(k;n) = \binom{n}{k} p^k (1-p)^{(n-k)} \qquad (\text{A4}\cdot 2)$$

に等しい．ここで，

$$\binom{n}{k} = \frac{n!}{k!(n-k)!} \qquad (\text{A4}\cdot 3)$$

は n 個から k 個を選び出す方法が何通りあるかを表す二項係数である．上の $n=2$ の場合，三つの二項係数 ($k=0,1,2$) はそれぞれ $1,2,1$ であり，これらは (A4・1) 式の $f(k)$ についた係数である．これを二項分布という．

すべての確率の和が 1 に等しいことに留意しよう．つまり，

$$\sum_{k=0}^{n} f(k;n) = \sum_{k=0}^{n} \binom{n}{k} p^k (1-p)^{(n-k)} = (p+1-p)^n = 1 \qquad (\text{A4}\cdot 4)$$

である.平均値(期待値) $E[k]$ はつぎの和によって定義される.

$$E[k] = \sum_{k=0}^{n} k f(k; n) \tag{A4・5}$$

この式はさらに,

$$E[k] = pn \sum_{k=1}^{n} \binom{n-1}{k-1} p^{k-1}(1-p)^{\{n-1-(k-1)\}} = pn \tag{A4・6}$$

と簡単にできる.同様に(詳細は読者に任せるが),分散は,

$$E[(k-pn)^2] = E[k^2] - 2pnE[k] + (pn)^2$$
$$= \sum_{k=1}^{n} k^2 f(k; n) - (pn)^2 = p(1-p)n \tag{A4・7}$$

に等しい.

A4・2 多項分布

標本として取出した変数が複数(たとえば m 個)の値をとることができ,その確率が $p_1, p_2, \cdots, p_m (\sum_i p_i = 1)$ であれば,分布はつぎの多項分布である.

$$f(k_1, k_2, \cdots, k_m; n) = \frac{n!}{k_1! k_2! \cdots k_m!} \prod_{i=1}^{m} p_i^{k_i} \ ; \ \sum_i k_i = n \tag{A4・8}$$

これは多次元結合確率の例である.つまり,事象1が k_1 回起こり,かつ事象2が k_2 回起こり,かつ…という訳である.それぞれの事象についての平均値と分散は二項分布の場合と同じで,

$$E[k_i] = \mu_i = n p_i \tag{A4・9}$$
$$E[(k_i - \mu_i)^2] = \sigma_i^2 = n p_i (1 - p_i) \tag{A4・10}$$

が成り立つ.すべての k_i の和に制約条件が課せられていることから,k_i と k_j との間の共分散 ($i \neq j$) は,

$$\mathrm{cov}(k_i, k_j) = E[(k_i - \mu_i)(k_j - \mu_j)] = n p_i p_j \tag{A4・11}$$

となる.**共分散行列** (covariance matrix) とは,対角要素が分散で非対角要素が共分散であるような対称行列のことである.

A4・3 ポアソン分布

A4・3・1 二項分布からポアソン分布へ

微粒子の懸濁液を考えよう.顕微鏡下で $0.1 \times 0.1 \times 0.1$ mm (10^{-6} cm^3) のサンプ

A4. 二項分布から正規分布へ

ル中の粒子数を計数して，単位体積中の平均粒子数を決定したい．もし数密度がわかっていれば，すなわちサンプル中の平均粒子数がわかっていれば，その体積中で厳密に k 個の粒子が見つかる確率はいくらであろうか．

サンプル中の平均粒子数を μ とする．その体積を n 個の多数のセルに分割する．セルは十分小さくて，そのなかにはたかだか 1 個の粒子が含まれるものとする．特定のセルが粒子を含む確率は $p=\mu/n$ に等しい．サンプルのなかにちょうど k 個の粒子が見つかる確率は $p=\mu/n$ の二項分布 $f(k; n)$ に等しい．

もう一つ，これと等価な例を考えよう．電気パルス（あるいはフォトン，あるいはガンマ線の量子，あるいは何でもよいから瞬時に終わる事象）がランダムにかつ互いに独立に発生する場合がそうである．ある時間間隔 T の間にパルスが発生する事象を観測する．もし T の間の平均事象数がわかっていれば，その時間内に厳密に k 回の事象が観測される確率はいくらであろうか．この場合，T を n 個の短い時間間隔に分割する．T の間の平均事象数を μ とする．事象がちょうど k 回起こる確率は $p=\mu/n$ の二項分布 $f(k; n)$ に等しい．

さて，$pn=\mu$ を一定に保ったまま，セルの個数 n，あるいは時間間隔の個数 n を無限大にしよう．このことは，$pn=\mu$ を一定に保ったまま $p\to 0$ とすることを意味している．$k \ll n$ であるから二項係数はつぎに示すように $n^k/k!$ に近づく．

$$\frac{n!}{k!(n-k)!} = \frac{n(n-1)\cdots(n-k+1)}{k!} \approx \frac{n^k}{k!} \qquad (\text{A}4\cdot 12)$$

よって，

$$p(k) \to \frac{n^k}{k!}\left(\frac{\mu}{n}\right)^k\left(1-\frac{\mu}{n}\right)^{n-k}$$

である．右辺において $n-k \to n$ であり，

$$\lim_{n\to\infty}\left(1-\frac{\mu}{n}\right)^n = e^{-\mu} \qquad (\text{A}4\cdot 13)$$

であるから $e^{-\mu}$ が現れる．よって，

$$f(k) = \frac{\mu^k e^{-\mu}}{k!} \qquad (\text{A}4\cdot 14)$$

が導かれる．これは平均値 μ のもとで k についてのポアソン分布の確率質量関数である．

ポアソン分布は離散分布である．観測数 k は正の整数 $0,1,2,\cdots$ しかとることができない．平均値 μ は分布パラメーターであり，任意の正の実数である．

A4・3・2 ポアソン分布の性質

ポアソン分布が規格化されていて，平均値が μ に等しいことを示すのは容易である．読者はつぎの級数展開でこれを示すとよい．

$$e^{\mu} = \sum_{k=0}^{\infty} \frac{\mu^k}{k!} \tag{A4・15}$$

分布の分散は，

$$\mathrm{var}(k) = \sigma^2 = E\bigl[(k-\mu)^2\bigr] = \mu \tag{A4・16}$$

である．この関係は $\sum_{k=0}^{\infty} k^2 \mu^k/k! = \mu^2 + \mu$ から導かれるが，(A4・10) 式の $p \to 0$ の極限値でもある．

A4・4 正規分布

A4・4・1 ポアソン分布から正規分布へ

μ の値が大きければポアソン分布は，平均値が μ で標準偏差が $\sqrt{\mu}$ の正規分布に近づく．展開式を用いてこれを証明する際には，各項が互いに打消そうとするので，次数を十分大きくとっておかねばならない．

ある関係を保ったまま k と μ を同時に無限大にする．つぎのように x を定義し，

$$x = \frac{k-\mu}{\sqrt{\mu}} \qquad k = \mu + x\sqrt{\mu}$$

階乗 $k!$ のスターリング近似式*

$$k! = k^k e^{-k} \sqrt{2\pi k}\bigl[1 + O(k^{-1})\bigr] \tag{A4・17}$$

を用いる．ポアソン確率 (A4・14) 式の対数を k^{-1} で展開する．

$$\ln f(k) = k - \mu - k\ln(k/\mu) - \frac{1}{2}\ln(2\pi k) + O(k^{-1})$$

$$= x\sqrt{\mu} - (\mu + x\sqrt{\mu})\ln\!\left(1 + \frac{x}{\sqrt{\mu}}\right) - \frac{1}{2}\ln\!\left[2\pi\mu\!\left(1 + \frac{x}{\sqrt{\mu}}\right)\right]$$

$\ln\mu \to \infty$ なので式全体は $-\infty$ になる．これは予想したとおりである．なぜなら，計算するのは k が具体的なある一つの値をとる場合の確率（明らかにゼロに近づく）であり，確率密度関数 $f(x)$ ではないからである．対数を，

---

* 訳注：O はランダウの記号であり，$a + O(b)$ は $b/a \to 0$ を意味する．

A4. 二項分布から正規分布へ

$$\ln(1+z) = z - \frac{1}{2}z^2 + O(z^3) \qquad (A4 \cdot 18)$$

と展開して，結局次式が得られる．

$$\lim_{k \to \infty} \ln f(k) = -\frac{1}{2}x^2 - \frac{1}{2}\ln(2\pi\mu)$$

連続した x の二つの離散値の距離は，

$$\Delta x = \frac{k+1-\mu}{\sqrt{\mu}} - \frac{k-\mu}{\sqrt{\mu}} = \frac{1}{\sqrt{\mu}}$$

であるから x と $x+\mathrm{d}x$ との間に $\sqrt{\mu}\mathrm{d}x$ 個の離散値がある．よって，

$$f(x)\mathrm{d}x = \frac{1}{\sqrt{2\pi}} \exp\left(-\frac{x^2}{2}\right)\mathrm{d}x \qquad (A4 \cdot 19)$$

が得られる．これは証明しようとした関係式にほかならない．

A5

中心極限定理

　中心極限定理は，ほとんどすべての統計学の教科書に載っているが，その証明となるとあまり見ることがない．定理の限界にまで踏み込んだ文献で入手できるものとしては，Cramér (1946)[*1]の本があげられる．Van Kampen (1981)[*2]はもっと直感的に扱っている．いずれにせよ，確率分布の特性関数が何であるかを知る必要がある（p.147 の第Ⅱ部 A3 を参照されたい）．Cramér は中心極限定理について，つぎのように述べている．

　独立変数 x_i の分布がどうであれ（いくつかの一般的な制約条件には従うとして），和 $x = x_i + \cdots + x_n$ は漸近的に (m, σ) の正規分布に従う．ここで m は平均の和であり，σ^2 は分散の和である．

"漸近的に正規分布に従う" とは，n が大きいときに x の分布が正規分布 $N(m, \sigma)$ に従うという意味である．"いくつかの一般的な制約条件" には，関係する分布は分散が有限であることが含まれる．さらに，3次のモーメントの和を全分散の 3/2 乗で割った商が大きな n で 0 にならねばならない．対称な分布であれば後者は常に成り立ち，そして，対称な分布の和についても成り立つ．何か異常な場合にのみ成り立たないと考えてよい．

　多数の独立なランダム変数 $x_1, x_2, \cdots, x_n$ の和 x

$$x = \sum_{i=1}^{n} x_i \tag{A5・1}$$

---

* 1　p.131 の参考文献を参照．
* 2　p.132 の参考文献を参照．

A5. 中心極限定理

を考えよう.それぞれの変数には分布関数 $f_i(x)$ が対応する.また,おのおのの確率密度関数は有限の平均 m_i と分散 $\sigma_i{}^2$ をもっているとする.それでは,n が無限大になると確率密度関数 $f(x)$ についてどのようなことがいえるであろうか.

まず平均を消去しよう.

$$\sum_i (x_i - m_i) = \sum_i x_i - \sum_i m_i = x - m \tag{A5・2}$$

であるから,x の平均は平均 m_i の和である.よって x_i の代わりに $x_i - m_i$ を考えると,すべての変数とその和は平均がいずれもゼロである.さて和の密度関数 $f(x)$ を考えよう.これはすべての f_i のたたみ込みであるから $f(x)$ の特性関数 $\Phi(t)$ は,$f_i(x_i)$ の特性関数 $\Phi_i(t)$ の積である.よって,

$$\Phi(t) = \prod_{i=1}^{n} \Phi_i(t) \tag{A5・3}$$

つまり,

$$\ln \Phi(t) = \sum_{i=1}^{n} \ln \Phi_i(t) \tag{A5・4}$$

ここで,

$$\Phi_i(t) \stackrel{\text{def}}{=} \int_{-\infty}^{\infty} e^{ixt} f_i(x) dx \tag{A5・5}$$

である.$\Phi(0)=1$ であるが,$t \neq 0$ では各 $\Phi_i(t) < 1$ である(なぜなら $t=0$ で 1 次の導関数がゼロ,2 次の導関数が負)から積 $\Phi(t)$ は 0 に収束する.よって $\Phi_i(t)$ は速やかに減衰する.t が小さいところではどのようにふるまうであろうか.

$\ln \Phi_i(t)$ を t で級数展開しよう.これは p.147 にある $\Phi_i(t)$ の展開式 (A3・4) から得られる.つまり,

$$\ln \Phi_i(t) = -\frac{1}{2}\sigma_i{}^2 t^2 - \frac{i}{6}\mu_{3i} t^3 + \frac{1}{24}(\mu_{4i} - 3\sigma_i{}^4)t^4 + \cdots \tag{A5・6}$$

である.この式の和をとり,$\sum_i \sigma_i{}^2$ を σ^2 とおいて,

$$\ln \Phi(t) = -\frac{1}{2}\sigma^2 t^2 \left[1 + \frac{i}{3}\frac{\sum_i \mu_{3i}}{\sigma^3}\sigma t - \frac{1}{12}\left(\frac{\sum_i \mu_{4i}}{\sigma^4} - 3\frac{\sum_i \sigma_i{}^4}{\sigma^4} \right)\sigma^2 t^2 \cdots \right] \tag{A5・7}$$

が導かれる.穏やかな条件のもとで $\sum_i \sigma_i{}^2$,$\sum_i \mu_{3i}$ などは n に比例するので,第 2 項の $\sum_i \mu_{3i}/\sigma^3$ は $n^{-1/2}$ に比例し,第 3 項は n^{-1} に比例する.よって n が大きいと $\ln \Phi(t)$ は $-\sigma^2 t^2/2$ に近づく.つまり,

$$\lim_{n \to \infty} \Phi(t) = e^{-(\sigma^2 t^2/2)} \tag{A5・8}$$

であり，確率密度関数が正規分布

$$\lim_{n\to\infty} f(x) = \frac{1}{\sigma\sqrt{2\pi}} \exp\left(-\frac{x^2}{2\sigma^2}\right) \tag{A5・9}$$

であることを意味している．

以上をつぎのようにまとめることができる．n が増えるにつれ，$\ln\Phi(t)$ の高次の項が t^2 の項に比べて速く減衰し，次数が高いほどそれは速い．最も遅いのは（歪度に関係する）t^3 の項であり，n の平方根に反比例する．

例として $[-a, a]$ に一様に分布している n 個の乱数の和の分布関数を取上げよう．これは p.56 の練習問題 4・10 と関係する．図 A5・1 は $n=1, 2, 10$ について表したものであり，正規分布 $N(0,1)$ と比較している．いずれの場合も，和に対応する変数が標準偏差 1 をもつように a が選ばれている．

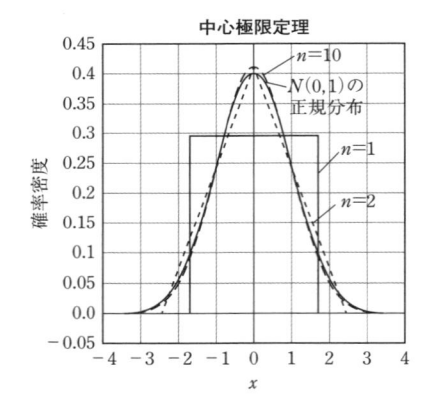

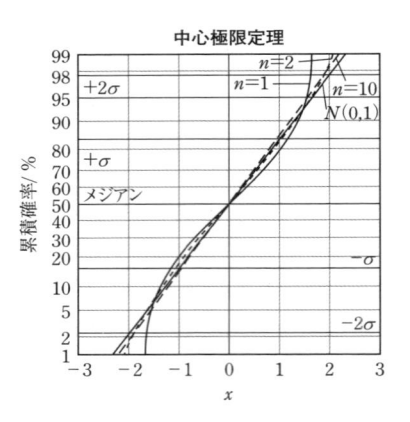

図 A5・1　$-a$ と $+a$ の間で一様に分布する乱数を n 個選んで得られる和の確率分布（$n=1, 2, 10$）．正規分布 $N(0,1)$ と比較．おのおのの分布は分散が 1 である．左：確率分布，右：累積分布を確率目盛で表示．

一つ，あるいは複数の分布が不定の（無限大の）分散をもてば，ここでの導出が成り立たないことは明らかである．そのような例としてローレンツ分布がある（p.47 参照）．実際，ローレンツ分布に従うランダム変数の和はローレンツ分布に従う．

> 任意の n 個の乱数をフーリエ変換を用いて生成する Python コードについては，p.203 の **Python コード A5・1** を参照．

A6

分　散　の　推　定

分散の最良値が平均値からの偏移の二乗平均より大きいのはなぜか

　平均値が μ で標準偏差が σ の分布 $f(\mu,\sigma)$ からの独立な標本を x_i としよう．$\langle(\Delta x)^2\rangle$ と σ の関係を見いだすには $\langle(\Delta x)^2\rangle$ の期待値を計算する必要がある．

$$\begin{aligned}\langle(\Delta x)^2\rangle &= \langle(x-\langle x\rangle)^2\rangle \\ &= \langle[x-\mu-(\langle x\rangle-\mu)]^2\rangle \\ &= \langle(x-\mu)^2\rangle - (\langle x\rangle-\mu)^2\end{aligned} \qquad (A6\cdot1)$$

であるから，

$$\begin{aligned}E\big[\langle(\Delta x)^2\rangle\big] &= \sigma^2 - E\bigg[\bigg(\frac{1}{n}\sum_{i=1}^{n}(x_i-\mu)\bigg)^2\bigg] \\ &= \sigma^2 - \frac{1}{n^2}\sum_{i=1}^{n}\sum_{j=1}^{n}E[(x_i-\mu)(x_j-\mu)] \qquad (A6\cdot2)\end{aligned}$$

となる．

A6・1　相関のないデータ点

　すべての標本が互いに独立であれば（よって相関がなければ）*，x_i と x_j は独立であり，第二の和で $j=i$ の項のみが残るから，二重和は一重和になる．

　＊　**独立**（independent）と**無相関**（uncorrelated）は意味が違う．二つの乱数 x と y は，それらを選ぶランダム過程が互いに独立のとき，統計的に独立である．$E[(x-\mu_x)(y-\mu_y)]=0$ であれば x と y との間に統計的相関がない．また，独立な標本には相関もないが，相関のない標本は必ずしも独立である必要はない．たとえば，$N(0,1)$ から標本抽出したランダム変数 x と x^2 は（$E[x^3]=0$ なので），互いに相関がないが独立ではない．

$$E[\langle(\Delta x)^2\rangle] = \sigma^2 - \frac{1}{n^2}\sum_{i=1}^{n} E[(x_i-\mu)^2]$$

$$= \sigma^2\left(1 - \frac{1}{n}\right) \qquad (A6\cdot 3)$$

よって，σ^2 の最良の見積り値は，平均値からの偏移の二乗平均の $n/(n-1)$ 倍に等しい．この関係は，分散が有限であればどのような分布でも成り立つことに注意しよう．

A6・2 相関のあるデータ点

(A6・3)式の導出において，平均値からの偏移に相関がないことを用いた．現実にはデータ点に相関があること，つまり，$j \neq i$ に対して $E[(x_i-\mu)(x_j-\mu)] \neq 0$ であることがよくある．もしそうであれば，(A6・2)式の和に多くの項が消えずに残るようになり，σ^2 から差し引かれる分が多くなる．そして，分散の最良推定値は大きくなる．

ここでは，連続したデータ点の間に相関があり，その大きさがわかっている場合を考えよう (Straatsma *et al.*, 1986)[*]．順序だった系列 $x_1,\cdots,x_n$ が定常的な確率変数であること，つまり，変数の分散が一定であり，x_i と x_j の間の相関係数が距離 $|j-i|$ にのみ依存することを仮定する．

(A6・2)式の二重和は，

$$\frac{1}{n^2}\sum_{i}\sum_{j} E[(x_i-\mu)(x_j-\mu)] = \sigma^2 \frac{n_c}{n} \qquad (A6\cdot 4)$$

であり，n_c は一種の**相関長**（correlation length）であり，つぎで定義される．

$$n_c = 1 + 2\sum_{k=1}^{n-1}\left(1 - \frac{k}{n}\right)\rho_k \qquad (A6\cdot 5)$$

ここで ρ_k は x_i と x_{i+k} の間の相関係数である．

$$E[(x_i-\mu)(x_{i+k}-\mu)] = \rho_k \sigma^2 \qquad (A6\cdot 6)$$

相関長よりはるかに長い系列の場合 ($k \ll n$)，(A6・5)式は，

$$n_c = 1 + 2\sum_{k=1}^{\infty} \rho_k \qquad (A6\cdot 7)$$

に帰着する．

---

[*] p.132 の参考文献を参照．

(A6・4) 式と (A6・5) 式は，(A6・4) 式の二重和で発生回数を単純に数えれば導出できる．図 A6・1 は，すべての行列要素を足し合わせれば (A6・5) 式が求められることを示している．

$i \rightarrow$

$j \downarrow$

1	ρ_1	ρ_2	ρ_3	ρ_4
ρ_1	1	ρ_1	ρ_2	ρ_3
ρ_2	ρ_1	1	ρ_1	ρ_2
ρ_3	ρ_2	ρ_1	1	ρ_1
ρ_4	ρ_3	ρ_2	ρ_1	1

図 A6・1　$n=5$ の場合の相関行列 ρ_{ij}. 斜め方向にすべての要素の和をとると，$5+2(4\rho_1+3\rho_2+2\rho_3+\rho_4)$ となる．

結局，(A6・3) 式の代わりに，

$$E\left[\left\langle(\Delta x)^2\right\rangle\right] = \sigma^2\left(1 - \frac{n_c}{n}\right) \qquad \text{(A6・8)}$$

が得られる．データ系列における相関が σ の見積りに及ぼす効果はあまり大きいものではなく，一般には無視してよい．しかしながら，平均の標準誤差の見積りに与える影響はきわめて大きく，無視はできない．このことについては第 II 部 A7 で扱う．

A7

平均値の標準偏差

A7・1 n 個の独立なデータの平均 $\langle x \rangle$ の分散が x 自体の分散を n で割った値に等しいのはなぜか

つぎの量を調べよう．

$$\mathrm{var}(\langle x \rangle) = E\left[(\langle x \rangle - \mu)^2\right] = \frac{1}{n^2} E\left[\left\{\sum_i (x_i - \mu)\right\}^2\right] \quad (\mathrm{A7}\cdot 1)$$

$$= \frac{1}{n^2} \sum_i \sum_j E[(x_i - \mu)(x_j - \mu)] \quad (\mathrm{A7}\cdot 2)$$

相関のないデータであれば $E[(x_i-\mu)(x_j-\mu)] = \sigma^2 \delta_{ij}$ が成り立つ．よって，

$$\mathrm{var}(\langle x \rangle) = \sigma^2/n \quad (\mathrm{A7}\cdot 3)$$

および，

$$\sigma_{\langle x \rangle} = \frac{1}{\sqrt{n}} \sigma \quad (\mathrm{A7}\cdot 4)$$

が成り立つ．

A7・2 データに相関があると結果はどう影響されるか

このためには (A7・2) 式の二重和を計算する必要がある．(A6・4) 式では，相関が距離 $k=|j-i|$ にのみ依存する順序だった系列について計算し，

$$\mathrm{var}(\langle x \rangle) = \sigma^2 \frac{n_c}{n} \quad (\mathrm{A7}\cdot 5)$$

を導いた．ここで n_c は (A6・7) 式で定義した相関長である．よってデータに相関があると平均値の不確かさが増す．これは，あたかもデータ点数が実際の数より少なくなってしまったかのようである．不確かさを見積るためには相関長 n_c を知る

こと，あるいはデータから n_c を計算することが必要である．データ点の間の相関を求めることが，特に間隔があいた場合に困難なので，一般論でいえばこの計算は容易ではない．相関長は相関関数の積分であるが，雑音の多いデータ[*1]から計算するのは特に難しい．

相関係数の和を計算する実用的な方法に，**ブロック平均法**（block average procedure）[*2]がある．連続したデータ（順データ）をブロックにまとめ，各ブロックの平均値を新しいデータ点とする．もし，ほとんどの順序相関がブロック内に存在すれば，ブロック平均値の間にほとんど相関はなく，標準的手法で扱うことができる．たとえば，もし1000個のデータ点があり，10個くらいから20個くらいに相関が広がっていれば，100点から成るブロックを10個つくる．もっとよい方法は，ブロック長を変えて結果に信頼できそうな極限が存在するかを調べることである．この"ブロック平均"法は，隣合ったブロック間に相関が残っているので，厳密ではないが，実用的ではある．

例

モンテカルロ法または分子動力学法によるシミュレーション計算で得られる時系列には有意な順序相関が含まれていることがよくあり，平均値の不確かさを決定するうえで面倒である．分子システムの動力学的シミュレーションにおいて，20 000点の (t, T) から成る時系列を 0.009 ps 刻みの時間 t で生成する．T は（全運動エネルギーから計算できる）温度である．相関のない標本へのルールを適用して平均温度が 309.967 ± 0.022 K とでる．この誤差は，T についてのデータ点の間に順序相関がありうることを考慮するといかにも小さい．それでは標準誤差の真の値はいくらであろうか．図 A7・1 は最初の 500 点を時間に対してプロットしたものであり，ピコ秒（ps）の桁で振動しながら相関していることが明らかである．図 A7・2 は一連のブロック平均から見積った標準誤差を図示している．ブロックサイズは 1〜400 点，つまり 0.009〜3.6 ps であり，2 ps 後に 0.11 K の平坦部分がある．この平坦値は相関がないときの値の 5 倍であり，相関長 n_c は約 25 刻み，つまり 0.22 ps であることを示している．ブロックが統計的に独立であるためには，ブ

[*1] 相関のあるデータから平均値の正確さを計算するための別法が Hess(2002) に出ている．p.132 の参考文献を参照．
[*2] この方法は"**ジャックナイフ法**（jackknife procedure）"に似ているが同じではない．ジャックナイフ法では，サブグループを取去った後のデータセットを平均した後，平均値と分散を計算する．p.132 の参考文献にある Wolter (2007) の第 4 章を参照のこと．

ロック長は相関長より数倍大きくとらねばならない．平均温度の最終結果は 309.97±0.11 K である．

シミュレーション温度

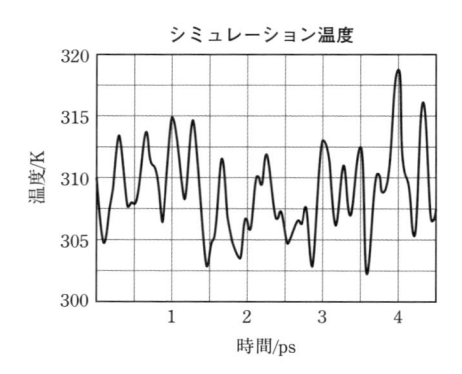

図 **A7・1** 分子システムの分子動力学的シミュレーションにおける温度の時間依存性．20 000 点のうちの最初の 500 点を表示．温度は運動エネルギーから導出．データ点の間隔は 0.009 ps．

ブロック平均による標準偏差

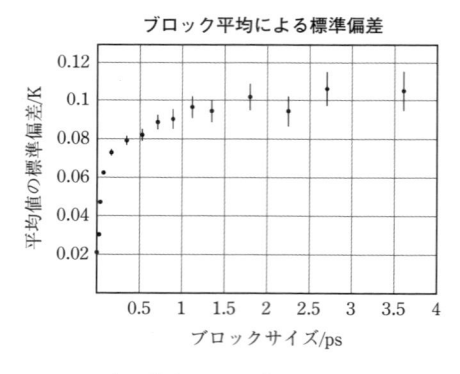

図 **A7・2** 20 000 点の温度データ（分子動力学シミュレーションから求めた）のブロック平均を用いた平均値の不確かさ（標準偏差）の時間依存性．ブロック平均に相関はないものと仮定．ブロックサイズは 1 点 (0.009 ps) から 400 点 (3.6 ps) まで変化．エラーバーは標準偏差における不確かさを，ブロック平均の極限値 n_b に基づいて示している．この相対誤差は $1/\sqrt{2(n_b-1)}$ になる．

> ▶ p.205 の **Python コード A7・1** は，ブロック平均データから平均値の標準誤差がどう見積られるかを示している．

A7・3 標準偏差の推定値はどれだけ正確か

 分布の分散が平均値からの偏差の二乗の和(割る $n-1$)から見積られるので,分散の統計は,ランダムな標本の二乗和の統計を満足する.正規分布をした標本に対してこの和はカイ二乗分布に従う(§7・4およびp.209データシートのカイ二乗分布の項を参照).カイ二乗分布は平均値が ν で分散が 2ν であるから,相対標準偏差は $\sqrt{2/\nu}$ である.ここで ν は自由度 $\nu=n-1$ である.よって,分散の相対標準偏差は $\sqrt{2/(n-1)}$ であり,標準偏差の相対標準偏差は $1/\sqrt{2(n-1)}$ である.この結果は正規分布した独立な標本について成り立つ.順序相関があれば不確かさは常に増える.

A8

分散が等しくない場合の重み因子

A8・1 期待値が同じ μ で標準偏差 σ_i が異なるいくつかのデータ x_i の平均値を決める"最もよい"方法は何か

答えは,"つぎの**加重平均**(**重みつき平均**,weighted average)をとる"である.

$$\langle x \rangle = \frac{1}{w} \sum_{i=1}^{n} w_i x_i \qquad w = \sum_{i=1}^{n} w_i \qquad (A8 \cdot 1)$$

しかし,w をどう選ぶかという疑問が残る."最良な"選択であることの判断基準は,今回の場合何であろうか.平均値の見積りにバイアスが掛かっていないということ,すなわち平均値の期待値が μ に等しくなるということは判断基準として役に立たない.なぜなら重み係数のとり方によらず成り立つからである.明白な二番目の判断基準は,**最小分散の見積り**(minimal variance estimate),つまり最も鋭く,よって最も正確な値を求めることである.そこで,つぎの式が成り立つように w_i を決めよう.

$$E\big[(\langle x \rangle - \mu)^2\big] = E\big[\langle x - \mu \rangle^2\big] \Rightarrow 最小化 \qquad (A8 \cdot 2)$$

すなわち,

$$\begin{aligned} E[\langle x - \mu \rangle^2] &= E\left[\frac{1}{w^2}\left(\sum_i w_i(x_i - \mu)\right)^2\right] \\ &= \frac{1}{w^2} \sum_{i,j} w_i w_j E[(x_i - \mu)(x_j - \mu)] \\ &= \frac{1}{w^2} \sum_{i,j} w_i w_j \operatorname{cov}(x_i, x_j) \Rightarrow 最小化 \end{aligned} \qquad (A8 \cdot 3)$$

さて,x_i と x_j に相関がない,つまり $j=i$ の項のみが和に寄与すると仮定しよう.

そこで，$\sum_i w_i$ が一定であるという条件のもとで $\sum_i w_i{}^2 \sigma_i{}^2$ の最小値を求める．そのような**境界条件つき最適化問題**を解く標準的な方法は，**ラグランジュの未定乗数法**である．この方法では，（$\sum_i w_i$ が一定という）境界条件式にまだ値が定まっていない係数 λ を掛けたうえで，最小にしたい関数に加える．こうしてできた関数をおのおのの変数について偏微分し，それらをゼロと置く．得られた方程式は依然として未定乗数を含んでいるが，後者は境界条件に従う．こうして，

$$\frac{\partial}{\partial w_i}\left(\sum_j w_j{}^2 \sigma_j{}^2 + \lambda \sum_j w_j\right) = 2 w_i \sigma_i{}^2 + \lambda = 0 \quad (\text{A8·4})$$

であり，

$$w_i \propto \frac{1}{\sigma_i{}^2} \quad (\text{A8·5})$$

が導かれる．この結論は，各点の重みはその点における分散の逆数に比例しなければならないということである．これは，データ点の間に相関がないときに正しい．

偏差が正規分布に従うと仮定しても同じ結論に到達しうる．しかしながら，最小分散の要請はずっと一般的であり，結果は有限の分散をもつ任意の分布関数に適用できる．

A8·2 $\langle x \rangle$ の分散の大きさはどれくらいか

これにはつぎの $(\langle x \rangle - \mu)^2$ の期待値を計算しなければならない．

$$\sigma_{\langle x \rangle}{}^2 = E\left[(\langle x \rangle - \mu)^2\right] = \frac{1}{w^2} \sum_i w_i{}^2 \sigma_i{}^2$$

ここで x_i と x_j に相関がないという事実を用いた．w_i については $w_i = 1/\sigma_i{}^2$ と選ぶので次式が得られる．

$$\sigma_{\langle x \rangle}{}^2 = \frac{1}{w^2} \sum_i \frac{1}{\sigma_i{}^2} = \left(\sum_i \frac{1}{\sigma_i{}^2}\right)^{-1} \quad (\text{A8·6})$$

A9

最小二乗法による
フィッティング

この章では行列記法を用いる．太字の小文字は縦ベクトル（$n\times 1$ の行列），太字の大文字は行列である．行列の積 $\boldsymbol{C}=\boldsymbol{AB}$ は $C_{ij}=\sum_k A_{ik}B_{kj}$ で定義する．$\boldsymbol{A}$ の転置行列 $\boldsymbol{A}^{\mathrm{T}}$ は $(\boldsymbol{A}^{\mathrm{T}})_{ij}=A_{ji}$ で定義する．トレース $\mathrm{Tr}(\boldsymbol{A})$ は $\boldsymbol{A}$ の対角成分の和である．逆行列 $\boldsymbol{A}^{-1}$ は $\boldsymbol{A}^{-1}\boldsymbol{A}=\boldsymbol{A}\boldsymbol{A}^{-1}=\boldsymbol{1}$（単位行列）を満足する．$(\boldsymbol{AB})^{\mathrm{T}}=\boldsymbol{B}^{\mathrm{T}}\boldsymbol{A}^{\mathrm{T}}$ および $(\boldsymbol{AB})^{-1}=\boldsymbol{B}^{-1}\boldsymbol{A}^{-1}$ を思い出してほしい．行列の積のトレースは巡回置換に対して不変量であり，$\mathrm{Tr}(\boldsymbol{ABC})=\mathrm{Tr}(\boldsymbol{CAB})$ である．ベクトル $\boldsymbol{a}$ に対して $\boldsymbol{a}^{\mathrm{T}}\boldsymbol{a}$ は $\sum_i a_i^2$ に等しいスカラーであるが，$\boldsymbol{aa}^{\mathrm{T}}$ は要素が $a_i a_j$ の正方行列であることに注意しよう．

A9・1　$y \approx ax+b$ の最良パラメーター a と b はどう見つけたらよいか

関数 $f(x)=ax+b$ がつぎの関係

$$S = \sum_{i=1}^{n} w_i(y_i - f_i)^2 = \sum_{i=1}^{n} w_i(y_i - ax_i - b)^2 \Rightarrow \text{最小化}$$

を満足するように a と b の値を見つけるためには，S/w の a と b についての導関数をゼロにすればよい（$w=\sum_i w_i$）．つまり，

$$\frac{1}{w}\frac{\partial S}{\partial a} = -\frac{2}{w}\sum_{i=1}^{n} w_i x_i(y_i - ax_i - b) = 0$$

$$\frac{1}{w}\frac{\partial S}{\partial b} = -\frac{2}{w}\sum_{i=1}^{n} w_i(y_i - ax_i - b) = 0$$

が成り立つ．第二の方程式から $b=\langle y \rangle - a\langle x \rangle$ である．第一の方程式の b に代入して a の解が得られる．(7・13) 式を参照されたい．ここで使われる平均値はつぎの

ような加重平均である.

$$\langle y \rangle = \frac{1}{w} \sum_{i=1}^{n} w_i y_i$$

A9・2 一般的な線形回帰

一般的に m 個のパラメーター $\theta_k, k=1,\cdots,m$ について線形の方程式はつぎの形をとる.

$$f_i(\theta_1, \theta_2, \cdots, \theta_m) = \sum_{k=1}^{m} A_{ik} \theta_k \quad \text{すなわち} \quad \boldsymbol{f}(\boldsymbol{\theta}) = \boldsymbol{A} \boldsymbol{\theta} \quad (A9・1)$$

"真"の値 y_i はつぎのように表すことができる.

$$\boldsymbol{y} = \boldsymbol{A} \boldsymbol{\theta}_m + \boldsymbol{\epsilon} \quad (A9・2)$$

ここで $\boldsymbol{\theta}_m$ はパラメーターの"真"のモデル値である. $\boldsymbol{\epsilon}$ は追加した確率変数,言い換えれば雑音であり,つぎのような性質をもっている.

$$E[\boldsymbol{\epsilon}] = \boldsymbol{0} \quad (A9・3)$$

$$E[\boldsymbol{\epsilon}\boldsymbol{\epsilon}^{\mathrm{T}}] = \boldsymbol{\Sigma} \quad (A9・4)$$

ここで $\boldsymbol{\Sigma}$ は測定値 $\boldsymbol{y}$ に含まれる誤差 $\boldsymbol{\epsilon}$ の共分散行列である. これはきわめて一般的な仮定であり,データ点の間に相関がありうるとする. もし $\boldsymbol{\Sigma}$ が対角行列であればデータに相関がない.

カイ二乗和をつぎのように書くことができる.

$$\chi^2 = (\boldsymbol{y} - \boldsymbol{A}\boldsymbol{\theta})^{\mathrm{T}} \boldsymbol{\Sigma}^{-1} (\boldsymbol{y} - \boldsymbol{A}\boldsymbol{\theta}) \quad (A9・5)$$

$\boldsymbol{\Sigma}$ が正確にはわかっておらず,またデータについては相対的な大きさと相互の相関しかわかっていないことが多い. そこで,不確かさについて限られた知識に基づいて,重み行列 $\boldsymbol{W}$ をつくることができると仮定しよう. この行列は測定値に含まれるランダム誤差の共分散行列の逆行列に比例する. つまり,

$$\boldsymbol{W} = c \boldsymbol{\Sigma}^{-1} \quad (A9・6)$$

である. とりあえず定数 c は未知の量であるとするが,後に示すようにある条件のもとでは c はデータ自体から導出することが可能である. データ点の間に相関がなければ,$\boldsymbol{\Sigma}$ と $\boldsymbol{W}$ の両方とも対角行列であり,対角要素はそれぞれ σ_i^2 と $c\sigma_i^{-2}$ である.

さて SSQ をつくることができる. SSQ とは偏差の(重みつき)二乗和(Sum of Square deviations)S のことであり,つぎのように表すことができる.

$$S = (\boldsymbol{y} - \boldsymbol{A}\boldsymbol{\theta})^{\mathrm{T}} \boldsymbol{W} (\boldsymbol{y} - \boldsymbol{A}\boldsymbol{\theta}) = c\chi^2 \quad (A9・7)$$

パラメーターについて S を偏微分してつぎのベクトル方程式が得られる.

$$\frac{\partial S}{\partial \boldsymbol{\theta}} = -2\boldsymbol{A}^{\mathrm{T}}\boldsymbol{W}(\boldsymbol{y}-\boldsymbol{A}\boldsymbol{\theta}) = 0 \tag{A9・8}$$

$\boldsymbol{\theta}$ の最小二乗解は, つぎの連立方程式の解である.

$$\boldsymbol{A}^{\mathrm{T}}\boldsymbol{W}\boldsymbol{A}\boldsymbol{\theta} = \boldsymbol{A}^{\mathrm{T}}\boldsymbol{W}\boldsymbol{y} \tag{A9・9}$$

これを $\hat{\boldsymbol{\theta}}$ と表すことにすると, $\boldsymbol{\theta}$ の最良値への最終的な解は,

$$\hat{\boldsymbol{\theta}} = (\boldsymbol{A}^{\mathrm{T}}\boldsymbol{W}\boldsymbol{A})^{-1}\boldsymbol{A}^{\mathrm{T}}\boldsymbol{W}\boldsymbol{y} \tag{A9・10}$$

である.この方程式で,多重説明変数が含まれていようとデータ間に相関があろうと,任意の線形最小二乗法フィッティング問題が解ける.おのおのの誤差が厳密にわかっていなくても最低値を決めることができることに注意しよう.というのは,すべての $\boldsymbol{W}$ に定数を掛けても $\hat{\boldsymbol{\theta}}$ は変わらないからである.

最小二乗法問題の解 $\hat{\boldsymbol{\theta}}$ は, $\boldsymbol{\theta}$ の見積りとしてバイアスが掛かっていない. つまり, つぎの通り, 見積りの期待値が真の値に等しい.

$$E[\hat{\boldsymbol{\theta}}] = (\boldsymbol{A}^{\mathrm{T}}\boldsymbol{W}\boldsymbol{A})^{-1}\boldsymbol{A}^{\mathrm{T}}\boldsymbol{W}E[\boldsymbol{y}] = \boldsymbol{\theta}_m \tag{A9・11}$$

ここで (A9・2) 式および (A9・3) 式により $E[\boldsymbol{y}] = \boldsymbol{A}\boldsymbol{\theta}_m$ であることを用いた.

A9・3 パラメーターの関数としての SSQ

$S(\boldsymbol{\theta})$ の解である (A9・7) 式は, パラメーターの 2 次関数で書き表すことができる. S が χ^2 に関係づけられることから, 尤度 $\exp\left[-\frac{1}{2}\chi^2\right]$ をパラメーターの 2 次関数で表すことができ〔p.93 の (7・4) 式を参照〕, パラメーターの分散と共分散を計算することができる.

パラメーターの最良推定値からのずれをつぎのように定義する.

$$\boldsymbol{\Delta\theta} \stackrel{\text{def}}{=} \boldsymbol{\theta} - \hat{\boldsymbol{\theta}} \tag{A9・12}$$

また S の最小値を,

$$S_0 = (\boldsymbol{y} - \boldsymbol{A}\hat{\boldsymbol{\theta}})^{\mathrm{T}}\boldsymbol{W}(\boldsymbol{y} - \boldsymbol{A}\hat{\boldsymbol{\theta}}) \tag{A9・13}$$

とする. (A9・10) 式と (A9・12) 式を (A9・13) 式に代入して,

$$S(\boldsymbol{\theta}) = S_0 + \boldsymbol{\Delta\theta}^{\mathrm{T}}\boldsymbol{A}^{\mathrm{T}}\boldsymbol{W}\boldsymbol{A}\boldsymbol{\Delta\theta} \tag{A9・14}$$

が得られる.ここで勾配の式 (A9・8) を用いた.こうして S が $\boldsymbol{\Delta\theta}$ の 2 次関数であることがわかる.

尤度が $\chi^2 = S/c$ に依存するので c の値を見積る必要があるが, χ_0^2 の期待値が自

A9. 最小二乗法によるフィッティング

由度 $n-m$ に等しい，つまり，

$$\hat{\chi}_0^2 = \frac{S_0}{c} = n - m \tag{A9・15}$$

であるので $c = S/(n-m)$ である．そして，

$$\hat{\chi}^2(\boldsymbol{\theta}) = n - m + \frac{n-m}{S_0} \Delta\boldsymbol{\theta}^{\mathrm{T}} \boldsymbol{A}^{\mathrm{T}} \boldsymbol{W} \boldsymbol{A} \Delta\boldsymbol{\theta} \tag{A9・16}$$

$$= n - m + \Delta\boldsymbol{\theta}^{\mathrm{T}} \boldsymbol{B} \Delta\boldsymbol{\theta} \tag{A9・17}$$

であり，ここで，

$$\boldsymbol{B} \stackrel{\mathrm{def}}{=} \frac{n-m}{S_0} \boldsymbol{A}^{\mathrm{T}} \boldsymbol{W} \boldsymbol{A} \tag{A9・18}$$

である．(A9・17) 式から，$\chi^2(\boldsymbol{\theta})$ の二階微分は $2\boldsymbol{B}$ である．

尤度 P ($\exp\left[-\frac{1}{2}\chi^2\right]$ に比例) は，

$$P \propto \exp\left[-\frac{1}{2} \Delta\boldsymbol{\theta}^{\mathrm{T}} \boldsymbol{B} \Delta\boldsymbol{\theta}\right] \tag{A9・19}$$

という形をとる．不確かさ $\boldsymbol{\Sigma}$ に対して信頼できる情報があって，重み行列を厳密に $\boldsymbol{\Sigma}^{-1}$ に等しくすることができれば，尤度は，

$$P \propto \exp\left[-\frac{1}{2} \Delta\boldsymbol{\theta}^{\mathrm{T}} \boldsymbol{A}^{\mathrm{T}} \boldsymbol{\Sigma}^{-1} \boldsymbol{A} \Delta\boldsymbol{\theta}\right] \tag{A9・20}$$

である．いずれの形も多変量正規分布である．この情報があればパラメーターの (共) 分散を導くことができる．

A9・4　パラメーターの共分散

多変量正規分布 (p.215 のデータシート正規分布の項を参照) はつぎの形をとる．

$$P \propto \exp\left[-\frac{1}{2} \Delta\boldsymbol{\theta}^{\mathrm{T}} \boldsymbol{C}^{-1} \Delta\boldsymbol{\theta}\right] \tag{A9・21}$$

ここで $\boldsymbol{C}$ は共分散行列であり，

$$\boldsymbol{C} = E\left[(\Delta\boldsymbol{\theta})(\Delta\boldsymbol{\theta}^{\mathrm{T}})\right] \tag{A9・22}$$

$$C_{kl} = \mathrm{cov}(\Delta\theta_k, \Delta\theta_l) \tag{A9・23}$$

で表される．

これと尤度の式 (A9・19) および (A9・20) を比較すると，共分散行列の式が得られる．S_0 を χ^2 の見積りに使うという，ごくふつうの場合には，

である．不確かさ Σ が正確にわかっている場合には，

$$C' = (A^T \Sigma^{-1} A)^{-1} \qquad (A9 \cdot 25)$$

である．これらが主要な結果であり，実用的な式は (A9・24)式と (A9・25)式を簡略にしたものである．

説明を単純にするために，データ点の間に相関がなくまたそれらの分散が $\sigma_i{}^2$ であって $\Sigma = \mathrm{diag}(\sigma_i{}^2)$，および $W = c\,\mathrm{diag}(\sigma_i{}^{-2})$ であるとしよう．そうすれば共分散行列 (A9・24)式は，

$$C = B^{-1} \qquad B_{kl} = \frac{n-m}{S_0}\sum_i w_i A_{ik} A_{il} \qquad (A9 \cdot 26)$$

に，そして (A9・25)式は，

$$C' = B'^{-1} \qquad B'_{kl} = \sum_i \sigma_i^{-2} A_{ik} A_{il} \qquad (A9 \cdot 27)$$

に簡略化される．

$f(x)=ax+b$ による線形回帰についての (共) 分散パラメーターの方程式〔p.96 の (7・18), (7・19), (7・20)式〕は，これらの方程式から容易に導かれる．$\theta_1=a$, $\theta_2=b$ であれば $n\times 2$ 行列 A は，

$$A_{i1} = x_i \qquad A_{i2} = 1 \qquad (A9 \cdot 28)$$

となる．例として 2×2 行列 B の B_{11} 要素 (A9・26)式は

$$B_{11} = \frac{n-m}{S_0}\sum_i w_i x_i^2 = \frac{n-m}{S_0}\frac{1}{w}\langle x^2 \rangle \qquad (A9 \cdot 29)$$

である．ここで w は w_i の総和である．残りの導出は容易なので読者に任せることにする．

A9・4・1 パラメーターの標準偏差はなぜ楕円体 $\Delta\chi^2=1$ の射影で得られるのか

$\Delta\chi^2=1$ という条件式は m 次元パラメーター空間における面（楕円体）を記述する．p.110の図7・5で楕円 $\Delta\chi^2=1$ への接線は，この図形の軸（たとえば θ_1）への射影が $\hat{\theta}_1\pm\sigma_1$ に収まることを示している．接線が楕円に接する点では，ほかのすべてのパラメーター $\theta_2,\cdots,\theta_m$ について χ^2 が最小値をとる．つまり，χ^2 の勾配は θ_1 を向いていて，

$$\mathrm{grad}\,\chi^2 = (a,0,\cdots,0)^T$$

である．ここで a は $\Delta\chi^2 = \Delta\theta^T B \Delta\theta = 1$ から得られる定数である．$\mathrm{grad}\,\chi^2 =$

A9. 最小二乗法によるフィッティング

$2\boldsymbol{B}\Delta\boldsymbol{\theta}$ であるから[*1],

$$\Delta\boldsymbol{\theta}^{\mathrm{T}}\frac{1}{2}(a,\cdots,0)^{\mathrm{T}} = \frac{1}{2}a\Delta\theta_1 = 1$$

が成り立つ．よって，

$$\boldsymbol{B}\Delta\boldsymbol{\theta} = \frac{1}{2}(2/\Delta\theta_1,0,\cdots,0)^{\mathrm{T}}$$

および，

$$\Delta\boldsymbol{\theta} = \boldsymbol{C}(1/\Delta\theta_1,0,\cdots,0)^{\mathrm{T}} \quad \text{つまり} \quad \Delta\theta_1 = \pm\sqrt{C_{11}} = \pm\sigma_1 \quad (\text{A}9\cdot30)$$

これが証明しようとした式である[*2].

A9・4・2 非線形最小二乗法フィット

関数 $f_i(\theta_1,\cdots,\theta_m)$ がすべてのパラメーターについて線形でなく，しかし $S=(\boldsymbol{y}-\boldsymbol{f})^{\mathrm{T}}\boldsymbol{W}(\boldsymbol{y}-\boldsymbol{f})$ が最小値 $S_0=S(\hat{\boldsymbol{\theta}})$ をとるのであれば，$S(\boldsymbol{\theta})$ は最小値の近傍で線形項をゼロとしてテイラー展開できる．これはちょうど，線形の場合の (A9・14) 式と同様である．χ^2 の期待値（最小値は $n-m$ に等しい）で表せば，

$$\hat{\chi}^2(\boldsymbol{\theta}) = \frac{n-m}{S_0}S(\boldsymbol{\theta}) = n-m+\Delta\boldsymbol{\theta}^{\mathrm{T}}\boldsymbol{B}\Delta\boldsymbol{\theta}+\cdots \quad (\text{A}9\cdot31)$$

行列 $\boldsymbol{A}$ を，

$$A_{ik} = \left(\frac{\partial f_i}{\partial \theta_k}\right)_{\hat{\theta}} \quad (\text{A}9\cdot32)$$

で再定義すると，パラメーターとそれらの（共）分散についてのすべての方程式はそのまま近似的に成り立つ．$\boldsymbol{B}=\dfrac{n-m}{S_0}\boldsymbol{A}^{\mathrm{T}}\boldsymbol{W}\boldsymbol{A}$ の逆行列も（近似的ではあるが），パラメーターの共分散行列に等しい．この点の議論については Press et al.(1992)[*3] を参照のこと．相関がないデータについては (A9・26) 式が依然として成り立って，

$$B_{kl} = \frac{n-m}{S_0}\sum_{i=1}^{n}w_i\frac{\partial f_i}{\partial \theta_k}\frac{\partial f_i}{\partial \theta_l} \quad (\text{A}9\cdot33)$$

である．共分散行列は近似的に $\boldsymbol{B}$ の逆行列に等しい．

パラメーターについて線形ではない関数の場合，尤度関数は近似的にしか多変量

---

* 1 $\boldsymbol{G}$ が対称行列のとき，2次形式 $\frac{1}{2}\boldsymbol{x}^{\mathrm{T}}\boldsymbol{G}\boldsymbol{x}$ の勾配は $\boldsymbol{G}\boldsymbol{x}$ に等しい．
* 2 証明は Press et al.(1992) にある．p.132 の文献リストを参照．
* 3 p.132 の文献リストを参照．

正規分布に等しくない．特に分布の裾は異なっているかもしれず，正規分布に基づいてやみくもに導いた信頼性限界は，分布の裾で間違っているかもしれない．より正確な見積りはつぎの尤度関数

$$P(\boldsymbol{\theta}) \propto \exp\left[-\frac{1}{2}\chi^2(\boldsymbol{\theta})\right] \qquad (A9\cdot 34)$$

を使ってできる．しかし，実際的な価値はあまりないので，これ以上掘り下げないことにする．

第Ⅲ部
Python コード

第Ⅲ部 Python コード

　第Ⅲ部には，Python 言語で書かれたプログラム，関数およびコードフラグメント（部分的プログラム）を記載する．それらはすべて本文でふれられている．

　まず，これらのプログラムについて一般的な説明をしよう．Python は汎用のインタープリター型言語であり，Windows をはじめとするほとんどの作業環境で使える．Python はパブリックドメイン内にあり，インタープリターが無料で入手できる[*1]．本書のほとんどのアプリケーションは NumPy という数値計算用拡張モジュールを使う．このモジュールには線形代数，フーリエ変換，乱数の基本的ツールがはいっている[*2]．Python 第 3 版が出ているが，本書の執筆時で NumPy の実行には Python 第 2 版が必要である．なお，Python 第 2 版の最新版は 2.6 である．さらに，アプリケーションによっては SciPy というサイエンスライブラリーを必要とするかもしれないが，これは NumPy を必要とする[*2]．SciPy をインポートすれば NumPy が自動的にインポートされる．

　Python を利用するには Python 2.6，最新版の NumPy，そして SciPy の順にダウンロードするとよい．Windows 用の注意事項が www.hjcb.nl/python/ にある．

　グラフ作成にはいくつもの選択肢がある．たとえば，gnuplot[*3] に基づいた Gnuplot.py[*4]，あるいは "R" という統計計算用パッケージ[*5]に基づいた rpy[*6]である．ほかにももっとある[*7]．ユーザーには選択が難しいかもしれないので，もう一つ使いやすい作図用モジュール plotsvg.py を追加した．これは著者のウェブサイト[*8]からダウンロードできる．その作図用ルーチンは SVG 出力ファイル（Scalable Vector Graphics，これは W3C 標準である）を出力する．このファイルは SVG 対応のブラウザで見ることができる．なかでも，Firefox, Opera, Google Chrome はもともと SVG をサポートしている（しかし Internet Explorer は違う）．プロットのカスタマイズも可能であるが，関数・点・累積分布を自動的にプロットすることが簡単にできる．たとえば，つぎのプログラムは 200 個の正規分布した乱数がどう累積分布するかを確率スケール上で自動的に表示する（正規分布であれば直線になる）．結果は図 B1 である．

[*1] Python Programming Language のホームページ参照．
[*2] SciPy.org のホームページ参照．
[*3] gnuplot のホームページ参照．
[*4] Gnuplot.py のホームページ参照．
[*5] The R Project for Statistical Computing のホームページ参照．
[*6] RPy のホームページ参照．
[*7] http://wiki.python.org/moin/NumericAndScientific/Plotting を参照．
[*8] www.hjcb.nl/python/

Python コード 0・1　plotsvg のデモ．

```
from scipy import *
from plotsvg import *
r=randn(200)
autoplotc(r,yscale='prob')
```

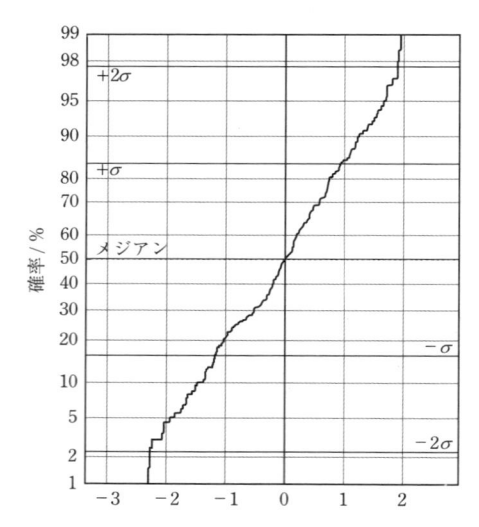

図 B1　作図のデモ：正規分布から抽出した 200 個の乱数の累積プロット．縦軸は確率スケール．

コメント

　モジュール plotsvg.py には，クラス Figure() が定義されており，このクラスには表題つきで対数軸または確率軸の枠を定義するメソッド frame()，点単独または直線で結ばれた点，およびエラーバーをプロットするメソッド plotp()，累積分布をプロットするメソッド plotc()，関数をプロットするメソッド plotf()，そして addtext() と addobject() のようなユーティリティが含まれる．また，簡単にグラフが描ける autoplotp() という単独プログラムがある．

　著者のウェブサイトからダウンロードできるもう一つのモジュールが *physcon.py* である．このモジュールは，ほとんどの SI 単位の物理定数を辞書形式で含んでいる．さらにつぎの記号が SI 値（float 型，つまり浮動小数点型）で定義されている．

alpha, a_0, c, e, eps_0, F, G, g_e, g_p, gamma_p, h, hbar, k_B, m_d, m_e, m_n, m_p, mu_B, mu_e, mu_N, mu_p, mu_0, N_A, R, sigma, u.[*1]

Python コード 0・2 physcon のデモ.

```
import physcon as pc
pc.help()
```
このプログラムは関数・変数・キーワードの一覧を表示する.
```
pc.descr('avogadro')
```
このように記述することで，avogadro についてつぎの項目の順に出力する：名前，記号，値，標準誤差，相対標準偏差，単位，出典.
```
N = pc.N_A
```
このコードは N に 6.02214179e+023[*2] を代入する.

Python コード 2・1 図 2・2 の標本の生成とプロット (p.9).

```
from scipy import *
x = 8.5 + randn(30)
xr = x.sort().round(2)
from plotsvg import *
autoplotc(xr,title='Cumulative distribution')
autoplotc(xr,title='Cumulative distribution',yscale='prob')
```

Python コード 2・2 図 2・3 のヒストグラムの作成 (p.9).

```
from plotsvg import *
hisx = [6.5,7.5,8.5,9.5,10.5,11.5]
hisy = [1,7,8,10,2,2]
f = Figure()
f.frame([6,12],title='Histogram')
f.plotp([hisx,hisy],symbol='halfbar',\
    symbolfill=Darkgrey,symbolstroke=Black)
f.show()
```

[*1] 訳注：これらの定数が意味する内容については，p.219, 220 の物理定数の項を参照.
[*2] 訳注：$6.02214179 \times 10^{23}$ を表す.

Python コード 2・3　配列のメソッドと関数 (p.9).

```
from scipy import *
n=alen(x)        # assigns length of array x to n
m=x.mean()       # assigns mean of x to m
msd=x.var()      # assigns mean squared deviation
                 # of x to msd
rmsd=x.std()     # assigns root mean squared deviation
                 # of x to rmsd
```

Python コード 2・4　データセットのパーセンタイル値を作成 (p.10).

```
from scipy import *
from scipy import stats
def percentiles(x, per=[1,5,10,25,50,75,90,95,99]):
# x = 1D-array
# per = list of percentages
    scores=zeros(len(per),dtype=float)
    i=0
    for p in per:
        scores[i]=stats.scoreatpercentile(x,p)
        i++
    return scores
```

コメント

scipy.stats の関数 scoreatpercentile(x,p) は，p 番目のパーセンタイル，すなわちデータの p% 以上でかつデータの $(100-p)$% 以下の値を返す．もし単一の値が得られなければ線形内挿を使う．

Python コード 2・5　対数軸に沿ったプロット (p.18).

```
from plotsvg import *
time=[20.,40.,60.,80.,100.,120.,140.,160.,180.]
conc=[75.,43.,26.,16.,10.,5.,3.5,1.8,1.6]
err=[4.,3.,3.,3.,2.,2.,1.,1.,1.]
```

```
f=Figure()
f.frame([[0,200],[1,100]],xlabel='time <i>t</i>/s',\
    ylabel='concentration <i>c</i>/mmol L<sup>-1\
    </sup>', yscale='log')
f.plotp([time,conc],ybars=err)
f.show()
```

コメント

著者のウェブサイトで入手できる plotsvg を用いて図2・7を作成するプログラムである．作成されたSVGファイルは適当なブラウザ（Firefox, Opera, Google Chrome）で見られる（Internet Explorerでは見られない）．

Python コード 3・1　モンテカルロ法による平衡定数の生成（p.28）．

```
from scipy import *
from plotsvg import *
def Keq(a,b,V1,V2,x):               # define equilibrium
                                    # constant
    V=V1+V2
    K=x/((a/V-x)*(b/V-x))*1000.     # convert to L/mol
    return K
n=1000                              # set number of
                                    # samples
a0=5.0; a=a0+randn(n)*0.2           # mmol
b0=10.0; b=b0+randn(n)*0.2          # mmol
V10=0.1; V1=V10+randn(n)*0.001      # L
V20=0.1; V2=V20+randn(n)*0.001      # L
x0=5.0; x=x0+randn(n)*0.35          # mmol/L
K=Keq(a,b,V1,V2,x)                  # L/mol (array of
                                    # K-values)
K0=Keq(a0,b0,V10,V20,x0)            # L/mol (K at
                                    # central values)
print 'K from values without noise = %g' % (K0)
print 'number of samples = %d' % (n)
print 'average and std of K = %g +/- %g' %\
    (K.mean(), K.std())
```

図 3・1 の作成[*]

```
f=Figure()
f.size=[5500,6400]
f.frame([[4.,7.5],[0,100]],title='Equilibrium\
    constant',yscale='prob',\
    xlabel='<i>K</i><sub>eq</sub>/L mol<sup>-1\
    </sup>',ylabel='cumulative probability\
    distribution')
f.plotc(K)
f.show()
```

Python コード 4・1 図 4・1, 4・2, 4・3 用の二項分布関数の生成 (p.39).

```
from scipy import *
from scipy import stats
```

10 回コインを放り投げて表が k 回になる確率

```
def fun1(k): return stats.binom.pmf(k,10,0.5)
```

60 回サイコロを放り投げて 6 が k 回になる確率

```
def fun2(k): return stats.binom.pmf(k,60,1./6.)
```

25 枚のゼナーカードで k 回を超えて当たる確率

```
def fun3(k): return stats.binom.sf(k,25,0.2)
```

図 4・1 を作成

```
from plotsvg import *
x1=arange(11); y1=fun1(x1)
f=Figure()
f.frame([[-1,11],[-0.02,0.27]],\
    title="Binomial 10 coin tosses",\
    xlabel="nr of heads", ylabel="probability")
```

---

[*] 訳注: この行はテキストの見出しであってプログラムには含まれない. 以下同様.

```
f.plotp([x1,y1], symbol='halfbar',\
    symbolstroke=Black, symbolfill=Darkgrey)
f.show()
```

図 4・2 を作成

```
x2=arange(27); y2=fun2(x2)
f=Figure()
f.frame([[-1,26],[-0.01,0.15]],\
    title="Binomial 60 dice throws",\
    xlabel="nr of 6's", ylabel="probability")
f.plotp([x2,y2],symbol='halfbar',\
    symbolstroke=Black,symbolfill=Darkgrey)
f.show()
```

図 4・3 を作成

```
x3=arange(16); y3=fun3(x3)
f=Figure()
f.frame([[0,12],[0,1]],\
    title="Binomial 25 Zener cards",\
    xlabel="nr correct", ylabel="survival\
    (1 - c.d.f.)")
f.plotp([x3,y3],symbol='dot',lines=Black)
f.show()
```

Python コード 4・2 ワイブル分布関数の生成 (p.50).

```
from scipy import stats
pdf=stats.weibull_min.pdf
cdf=stats.weibull_min.cdf
def f1(t):
    if (t<0.001):
        return None
    else: return pdf(t,0.5)
def g1(t): return cdf(t,0.5)
def f2(t): return pdf(t,1.)
def g2(t): return cdf(t,1.)
```

コメント

scipy のモジュールである stats には多数の分布関数が含まれている．負の c 値に対して確率密度関数 pdf は $t=0$ で無限大になるので，除外せねばならない．pdf の f_1, f_2 および累積分布関数 cdf である g_1, g_2 はプロットするのに適している．

> **Python コード 5・1** ブートストラップ法：乱数から平均値を生成すること (p.73)．

```
def bootstrap(x,n,dof=0):
# x = 1D-array of input samples
# n = nr of averages generated
# dof = nr of degrees of freedom.
# If not specified, dof=len(x)
# returns 1D-array of averages
    from scipy import stats
    nx=len(x)
    if (dof==0): nu=nx
    else: nu=dof
    result=zeros(n,dtype=float)
    for i in range(n):
        index=stats.randint.rvs(0,nx,size=nu)
        result[i]=x[index].mean()
    return result
```

コメント

scipy パッケージの stats にはいっている randint.rvs(min,max,size = n) 関数は，min 以上で max を超えない n 個の乱数を配列として生成する．

x[index] は x[i] の値を含む配列を生成する．ここで i は整数配列 index のすべての値である．

dof が指定されていなければ，入力配列 x にはいっている項目すべてにわたって平均をとる．これによってバイアスの掛かったブートストラップ分布が得られる．バイアスが掛からない分布は，dof を x の長さ引く 1 に設定することによって近似できる．

Python コード 5・2 独立なデータセットを解析するプログラム Report (p.73).

```
from scipy import *
from plotsvg import *
def report(data,figures=True):
    '''
Function. Reports statistics on single uncorrelated data series.
----------------------------------------------------------------
arguments:
  data:         list or array [y] or [x,y] or [x,y,sig]
                  of data; if [y] then x=arange(len(y))
                sig = sd of y-value; if given,
                chisq test reported, if sig not
                given, equal weights are assumed
  figures=True  if True, figures are produced and
                displayed
returns:        [[mean,sdmean,var,sd],[a,siga,b,
                  sigb]] (fit ax+b)
Remarks:
  report of properties (average, msd, rmsd) and of
  estimates (mean, variance, sd, skewness, excess)
  and their accuracies is printed (skewness and
  excess only if relevant). Figures produced:
    figdata.svg: data points with error bars and
    linear fit;
    figcum.svg: cumulative plot on probability
    scale.
  Outliers are identified. If s.d. sig are given, a
  chi-squared analysis is produced. A linear
  regression drift analysis is done.
    '''
    import os
    from scipy import stats
    # unify data structure:
    data = array(data)
    dimension = array(data).ndim
    weights = False
    if (dimension == 1):
```

```
            n = len(data)
            xy = array([arange(n),data])
        elif (dimension == 2):
            n = len(data[0])
            if (len(data) == 2):
                xy = array(data)
            elif (len(data) == 3):
                xy = array(data[:2])
                weights = True
                w = 1./array(data[2])**2
            else:
                print 'ERROR: wrong data length'
                print 'report aborted'
                return 0
        else:
            print 'ERROR: wrong data dimension'
            print 'report aborted'
            return 0
        # compute properties
        if weights:
            wtot = w.sum()
            xav = (xy[0]*w).sum()/wtot
            yav = (xy[1]*w).sum()/wtot
        else:
            wtot = float(n)
            xav = xy[0].mean()
            yav = xy[1].mean()
        xdif = xy[0]-xav
        ydif = xy[1]-yav
        if weights:
            ssq = (w*ydif**2).sum()
        else:
            ssq = (ydif**2).sum()
        msd = ssq/wtot
        rmsd = sqrt(msd)
        var = msd*n/(n-1.)
        sd = sqrt(var)
        sdmean = sd/sqrt(n)
```

```python
ymin = xy[1].min()
yminindex = xy[1].argmin()
ymax = xy[1].max()
ymaxindex = xy[1].argmax()
# linear regression:
if weights:
    xmsd = (w*xdif**2).sum()/wtot
    a = (xdif*ydif*w).sum()/wtot/xmsd
    b = yav-a*xav
    S = (w*((xy[1]-a*xy[0]-b)**2)).sum()
    siga = sqrt(S/(wtot*(n-2.)*xmsd))
    sigb = siga*sqrt((w*(xy[0]**2)).sum()/wtot)
else:
    xmsd = (xdif**2).mean()
    a = (xdif*ydif).mean()/xmsd
    b = yav-a*xav
    S = ((xy[1]-a*xy[0]-b)**2).sum()
    siga = sqrt(S/(n*(n-2.)*xmsd))
    sigb = siga*sqrt((xy[0]**2).mean())
# produce figures
if figures:
    def fun0(x): return yav
    def fun1(x): return yav-sd
    def fun2(x): return yav + sd
    def fun3(x): return yav-2.*sd
    def fun4(x): return yav + 2.*sd
    def fun5(x): return a*x + b
    f = Figure()
    f.frame([[xy[0,0],xy[0,-1]],[ymin,ymax]],\
            title = 'input data')
    f.plotf(fun0,color = Red)
    f.plotf(fun1,color = Red)
    f.plotf(fun2,color = Red)
    f.plotf(fun3,color = Red)
    f.plotf(fun4,color = Red)
    f.plotf(fun5,color = Green)
    if weights:
        f.plotp(xy,ybars = data[2],symbolfill = \
```

```
                        Blue, barcolor = Blue)
        else:
            f.plotp(xy,lines = Blue,symbol = '')
        f.addtext([890,4140],\
            ' < small > red lines: mean, &#177; &#963;,\
            &#177; 2&#963; </ small > ',fill = Red)
        f.addtext([4890,4140],\
            ' < small > green line: linear\
                regression </ small > ', align = 'r',\
                fill = Green)
        f.show(filename = 'figdata.svg')
        os.startfile('figdata.svg')
        print 'figdata.svg is now displayed by\
                your browser'
        f = Figure()
        f.size =[5500,6400]
        f.frame([[(1.1*ymin-0.1*ymax),(-0.1*ymin\
                + 1.1*ymax)],\
                [0,100]], title = 'cum.distribution\
                of data', yscale = 'prob')
        f.plotc(xy[1])
        f.show(filename = 'figcum.svg')
        os.startfile('figcum.svg')
        print 'figcum.svg is now displayed by your\
                browser'
    print '\nStatistical report on uncorrelated\
            data series'
    print '\nProperties:'
    print 'nr of elem. = %5d' % n
    print 'average     = %10.6g' % (yav)
    print 'msd         = %10.6g' % (msd)
    print 'rmsd        = %10.6g' % (rmsd)
    print '\nEstimates'
    print 'mean        = %10.6g +/- %8.4g' % (yav,\
        sdmean)
    if weights: print '*)'
    print '\nvariance = %10.6g +/- %8.4g' %\
        (var, var*sqrt(2./(n-1.)))
```

```
print 'st. dev      = %10.6g +/- %8.4g' %\
    (sd, sd/sqrt(2.*(n-1.)))
if weights:
    print '*) this standard uncertainty in the\
        mean is derived from the data variance'
    print '   derived from the supplied sigma's
        it is', '%8.4g' % (wtot**(-0.5))
    print '   Choose the more reliable, or else\
        the larger value.'
    print '   See also the chi-square analysis\
        below.'
# skewness and excess only if weights = False
if not weights:
    if (n >= 20):
        skew = (xy[1]**3).sum()/(n*var*sd)
        print 'skewness     = %10.6g +/- %8.4g'\
            % (skew,  sqrt(15./n))
    else: print 'skewness: insufficient statistics'
    if (n >= 100):
        exc = (xy[1]**4).sum()/(n*var*var)-3.
        print 'excess       = %10.6g +/- %8.4g'\
            % (exc, sqrt(96./n))
    else: print 'excess: insufficient statistics'
# outliers and their probabilities
ydevmax = (ymax-yav)/sd
ydevmin = (yav-ymin)/sd
Fmax = stats.norm.cdf(-ydevmax)
probmax = 100.*(1.-(1.-Fmax)**n)
Fmin = stats.norm.cdf(-ydevmin)
probmin = 100.*(1.-(1.-Fmin)**n)
print '\nPossible outliers: ',
if ((probmax > 5.) and (probmin > 5.)):
    print '   (there are no significant\
    outliers with p < 5%)'
else:
    print '(there are significant outliers\
    with p < 5%)'
print 'largest element y[%d]= %10.6g deviates\
```

```
            + %5.2g stand.',\
           'dev. from mean' % (ymaxindex,ymax,\
            ydevmax)
    print 'prob. to obtain a higher value at least\
        once is', '%4.3g %%' % (probmax)
    print 'smallest element y[%d]= %10.6g deviates\
        -%5.2g stand.',\
           'dev from mean' % (yminindex,ymin, ydevmin)
    print 'prob. to obtain a lower value at least\
    once is', '%4.3g %%' % (probmin)
    # chi-square analysis if weight = True:
    if weights:
        nu = n-1
        F = stats.chi2.cdf(S,nu)
        print '\nChi-square analysis:'
        print 'chi^2 (sum of weighted square dev.)\
            = %10.6g' % (ssq)
        print 'cum. prob. for chi^2 = %5.3g %%' % (100.*F)
        if (F < .1):
            print "chi^2 is low! Did you overestimate
                    the supplied sigma's?"
            print 'Or did you fit the original data\
                    too closely with too many parameters?'
        elif (F > .9):
            print "chi^2 is high! Did you neglect\
                    an error source\
                    in the supplied sigma's?"
            print 'Or did the data result from a\
                    bad fitting procedure?'
        else:
            print 'cum. probab. of chi^2 is\
                    reasonable (between 10% and 90%).'
            print "The spread in the data agrees\
                    with the supplied sigma's."
    # Significance of drift
    print '\nLinear regression: y = a*x + b'
    print 'a = %10.6g +/- %10.6g; b = %10.6g +/-\
        %10.6g' % (a,siga,b,sigb)
```

```
    Pdrift = 2.*(1.-stats.norm.cdf(abs(a)/siga))
    print '\nNormal test on significance of slope a'
    print 'Probability to obtain at least this\
        drift by random fluctuation is\
        %8.3g %%' % (100.*Pdrift)
    print '\nF-test on significance of linear\
        regression:'
    print 'sum of square deviations reduced from\
        %7.5g to %7.5g' % (ssq,S)
    ypred = a*xy[0]+b
    ypmean = ypred.mean()
    if weights:
        SSR = (w*(ypred-ypmean)**2).sum()
    else:
        SSR = ((ypred-ypmean)**2).sum()
    Fratio = SSR/(S/(n-1))
    Fcum = stats.f.cdf(Fratio,1,n-1)
    print 'The F-ratio SSR/(SSE/(n-1)) = %7.3g' %\
        (Fratio)
    print 'The cum. prob. of the F-distribution is\
        %8.5g' % (Fcum)
    print 'Probability to obtain this fit (or\
        better) by random',\
        'fluctuation is %8.3g %%' % (100.*\
        (1.-Fcum))
    if ((Fcum > 0.9) and (Pdrift < 0.1)):
        print '\nThere is a significant drift (90%\
            conf. level)'
    else:
        print '\nThere is no significant drift\
            (90% conf. level)'
    print
    return [[yav,sdmean,var,sd],[a,siga,b,sigb]]
```

コメント

このプログラムは著者のホームページからダウンロードできる．最新のアップデートをチェックされたい．二つのグラフが自動的に生成され，標準的なブラウザ

で表示される．.svg mime type で自分の SVG 対応のブラウザが起動することを確認すること．

Python コード 6・1　三角級数でデータ点にフィッティングする（p.88）．

```
from scipy import optimize
# data from compass corrections:
x=arange(0.,365.,15.)
y=array([-1.5,-0.5,0.,0.,0.,-0.5,-1.,-2.,-3.,-2.5,\
        -2.,-1.,0., 0.5,1.5,2.5,2.0,2.5,1.5,0.,\
        -0.5,-2.,-2.5,-2.,-1.5])
def fitfun(x,p):
    phi=x*pi/180.
    result=p[0]
    for i in range(1,5,1):
        result=result+p[2*i-1]*sin(i*phi)+p[2*i]\
        *cos(i*phi)
    return result                    # result is
                                     # array like x
def residuals(p): return y-fitfun(x,p)
pin=[0.]*9                           # initial
                                     # parameter guess
output=optimize.leastsq(residuals,pin)
pout=output[0]                       # optimized
                                     # parameters
def fun(x): return fitfun(x,pout)    # suitable for
                                     # plotting
```

コメント

簡単のために一般的な最小二乗最適化で処理している．ただし，ここでは線形最適化問題である．フィッティング関数は $p_0 + p_1 \sin\phi + p_2 \cos\phi + p_3 \sin 2\phi + p_4 \cos 2\phi + p_5 \sin 3\phi + p_6 \cos 3\phi + p_7 \sin 4\phi + p_8 \cos 4\phi$ である．補正項の不確かさを考慮すると，もっと高次のフィッティング関数を用いるのはやりすぎである．scipy パッケージ optimize のなかの leastsq という最小化ルーチンを使っている．

> **Python コード 7・1** 非線形最小二乗フィッティング，ウレアーゼの速度論 (p.101).

```
from scipy import optimize
S = array([30.,60.,100.,150.,250.,400.])
v = array([3.09,5.52,7.59,8.72,10.69,12.34])
```

A. leastsq を用いた最小化

```
lsq = optimize.leastsq
def residuals(p):
    [vmax,Km]=p
    return v-vmax*S/(Km+S)
output = lsq(residuals,[15,105])
pout = output[0]
```

B. fmin_powell を用いた最小化

```
def fun(S,p):
    [vmax,Km]=p
    return vmax*S/(Km+S)
def SSQ(p): return ((v-fun(S,p))**2).sum()
pin = [15,105]
pout = optimize.fmin_powell(SSQ,pin)
```

コメント

　leastsq という関数は，パラメーターで決まる残差を入力配列として必要とし，二乗和を最小にする．fmin_powell という関数は，fun のなかで SSQ が最小になるようにパラメーターを調整し，新しいパラメーター pout を返す．この新しいパラメーターを入力として最後の行を繰返してもよい．これらの最小化プロシージャーは導関数を必要としない．print SSQ(pout) というコマンドを実行して SSQ をチェックすること．この例では，方法 A の方が B より正確な結果を出す．

> **Python コード 7・2** 与えられた χ^2 に対する累積確率を発生させる (p.103).

```
from scipy import stats
cdf=stats.chi2.cdf
```

```
ppf=stats.chi2.ppf
```

コメント

関数 cdf(x,ν) は，χ^2，つまり正規分布からとった ν 個のランダムな標本の二乗和が x より小さくなる確率を計算する．たとえば自由度が 15 の場合，$\chi^2 \leq 10.5$ となる確率は，

```
print cdf(10.5,15)
```

で表示され，$\chi^2 \geq 18.3$ となる確率は，

```
1.-cdf(18.3,15)
```

で表示される．

15 個の二乗和が χ^2 を超えない確率が 1, 2, 5, 10% となるような χ^2 の値は，

```
ppf(array([1.,2.,5.,10.])*0.01,15)
```

でわかり，15 個の平方和が χ^2 を超える確率が 1, 2, 5, 10% となるような χ^2 の値は，

```
ppf(array([99.,98.,95.,90.])*0.01,15)
```

でわかる．

Python コード 7・3　2次元関数を生成し，等高線図をプロットする (p.110).

```
from scipy import *
from scipy import optimize
def contour(fxy,z,xycenter,xyscale=[1.,1.],\
  radius=0.05,nmax=500):
# construct contour f(x,y)=z by succession of
# circular intersects
# input:
#    fxy(x,y): defined function;
#    z:        level
#    xycenter: [xc,yc] point within contour
#    xyscale:  [xscale,yscale] approximate
#              coordinate ranges
#    radius:   radius of circle in units of
#              coordinate range
#    nmax:     maximum number of points (for open
#              contours)
```

```
from scipy import optimize
x0=xycenter[0]; y0=xycenter[1]
xscale=xyscale[0]; yscale=xyscale[1]
def funx(x):
    return fxy(x,y0)-z
def funphi(phi):
    # uses xa,xb; dxs,dys (scaled)
    sinphi=sin(phi); cosphi=cos(phi)
    x=xa+(dxs*cosphi+dys*sinphi)*xscale
    y=ya+(-dxs*sinphi+dys*cosphi)*yscale
    return fxy(x,y)-z
# find first point on x-axis
xx=optimize.brentq(funx,x0,x0+5.*xscale)
xlist=[xx]; ylist=[y0]
# find second point
dxs=radius; dys=0.
xa=xx; ya=y0
phi=optimize.brentq(funphi,-pi,0.)
sinphi=sin(phi); cosphi=cos(phi)
xb=xa+(dxs*cosphi+dys*sinphi)*xscale
yb=ya+(-dxs*sinphi+dys*cosphi)*yscale
xlist += [xb]; ylist += [yb]
# find next point
radsq=radius*radius
dsq=4.*radsq
n=0
while (dsq>radsq) and (n<nmax):
    n +=1
    dxs=(xb-xa)/xscale
    dys=(yb-ya)/yscale
    xa=xb; ya=yb
    phi=optimize.brentq(funphi,-0.5*pi,0.5*pi)
    sinphi=sin(phi); cosphi=cos(phi)
    xb=xa+(dxs*cosphi+dys*sinphi)*xscale
    yb=ya+(-dxs*sinphi+dys*cosphi)*yscale
    xlist += [xb]; ylist += [yb]
    dsq=((xb-xx)/xscale)**2+((yb-y0)/yscale)**2
xlist += [xx]; ylist += [y0]
```

```
data=array([xlist,ylist])
return data
```

コメント

この関数は，$f(x,y)=z$ の等高線に沿って座標 $[x,y]$ を生成する．ここで $f(x,y)$ はあらかじめ定義した関数であり，高さ z は事前に指定しておく．この座標配列を直線で結んでプロットする．たとえば，

```
autoplotp(data,symbol = ' ',lines = Black)
```

である．点はつぎのようにして生成する．点 [xc,yc] から出発して x 軸に平行に正の方向に進んで最初の点を見つける．よって，入力点 [xc,yc] は等高線の内側になければならない．最初の点のまわりで半径 radius の半円の等高線を描いて二番目の点を探す．以後，前方向に向けて半円を描いてつぎの点を探していく．よって，radius は点の間隔であり，プロットの分解能を決める．点の探索は，点が不均一に並ばぬよう，スケーリングした x,y 座標系で行う．入力 xyscale はスケーリング用の刻み幅であり，x の値は xyscale[0] で割り，y の値は xyscale[1] で割る．プロットするスケールの全部の幅を xyscale としてもよいが，選び方に神経をとがらす必要はない．半径の初期値は 0.05 であり，プロットサイズの 5% が点間隔である．オプションとして nmax がある．このパラメーターは，点の個数を制限するものであり，閉じていない等高線上で無限回繰返すことを防ぐ．もし閉じるはずの等高線が閉じなければ，nmax を増やすか radius を大きくする．

> **Python コード 7・4** $\Delta x^2 = 1$ の等高線を作成し，ウレアーゼの速度論の例題における不確かさを導出する (p.111)．

python コード 7・1 をまず走らせて，SSQ(p)，p[0] = v_{max}，p[1] = K_m，pout = パラメーターの最良値のそれぞれを求めておく．

```
from scipy import *
from plotsvg import *
S0=SSQ(pout)
def fxy(x,y): return 4./S0*(SSQ([x,y])-S0)
data=contour(fxy,1.,pout,xyscale=[0.4,7.])
# plot the contour:
f=Figure()
f.frame([[15.25,16.25],[105,125]])
```

```
f.plotp(data,lines=Black,symbol='')
f.show()
# compute sig1,sig2,rho from contour:
sig1=0.5*(data[0].max()-data[0].min())
sig2=0.5*(data[1].max()-data[1].min())
ratio=(data[0,0]-pout[0])/sig1
rho=sqrt(1.-ratio**2)
print 'sigma1= %5.2f, sigma2=%5.2f, rho=%5.2f'%\
        (sig1,sig2,rho)
```

コメント

関数 fxy はパラメーターの関数として $\Delta\chi^2$ を定義する．関数 contour (Python コード 7・3 を参照) の入力 xyscale は，標準偏差の見積り値とする．等高線のデータ配列 data は 122 点を含むが，radius を小さくすることによって分解能を上げることができる．標準誤差は等高線の極値から導かれる．相関係数は x 軸との交点 data[0,0] から求められる．その際，交点が標準偏差の $\sqrt{1-\rho^2}$ 倍の所にあるという規則を用いる．

> **Python コード 7・5** 最小化によって共分散行列を生成する（ウレアーゼの速度論の例題）(p.112).

python コード 7・1 をまず走らせて，residuals(p), SSQ(p), p[0]=$v_{\max}$, p[1]=K_{m} を定義する．最小化をやり直して，結果を *full output* オプションつきで出力する．

```
from scipy import optimize
lsq=optimize.leastsq
output = lsq(residuals,[15,105],full_output=1)
pout = output[0]
S0=SSQ(pout)
C=S0/(n-m)*output[1]
sig1=sqrt(C[0,0])
sig2=sqrt(C[1,1])
rho=C[0,1]/sig1/sig2
print 'sigma1= %5.2f, sigma2=%5.2f, rho=\%5.2f'%\
        (sig1,sig2,rho)
```

コメント

leastsq というルーチンには *full output* というオプションがあって，第二の要素として共分散行列 **C** を出力する．ただし，スケーリングはなされておらず，すべての標準誤差 σ_y が1に等しければこの行列は共分散行列に等しい．出力行列に $S_0/(n-m)$ を掛けてやれば正しい結果が得られる．

Python コード 7・6 B 行列から共分散行列を生成する（ウレアーゼの速度論の例題）(p.113)．

まず，関数 delchisq(p) を与えておいて，B 行列を一般的な手続きで作成する．

```
from scipy import *
def matrixB(delchisq, delta):
# delchisq(delp) = chisq(p-p0)-chisq(p0)
# delta = array of test deviations
    m=len(delta)
    B=zeros((m,m))
    d=zeros(m)
    fun=zeros(m)
    if (abs(delchisq(d)) > 1.e-8):
        print 'definition delchisq incorrect'
    for i in range(m):
        di=delta[i]
        d[i]=di
        fun[i]=delchisq(d)
        B[i,i]=fun[i]/(di*di)
        for j in range(i):
            dj=delta[j]
            d[j]=dj
            funij=delchisq(d)
            B[j,i]=B[i,j]=0.5*(funij-fun[i]-fun[j])/(di*dj)
            d[j]=0.
        d[i]=0.
    return B
```

python コード 7・1 をまず走らせて，residuals(p)，SSQ(p)，p[0]＝v_{max}，p[1]＝K_m，pout＝パラメーターの最良値のそれぞれを求める．そして，B 行列をつくり，その逆行列を求め，そして出力する．

```
delta=array([0.2,3.5]) # displacements near
                      # delchisq = 1
def delchisq(delp): return 4.*(SSQ(pout+delp)/S0-1.)
B=matrixB(delchisq,delta)
from numpy import linalg
C=linalg.inv(B)
sig1=sqrt(C[0,0])
sig2=sqrt(C[1,1])
rho=C[0,1]/sig1/sig2
print 'sigma1=%5.2f, sigma2=%5.2f, rho=%5.2f' %\
      (sig1,sig2,rho)
```

コメント

delta[i] をすべての方向にたどって行列要素を計算し（対角要素の生成），すべての delta[i]，delta[j] の対をたどって行列要素を計算して（非対角要素の生成）B を構築する．これは単純な方法であって，逆方向にたどる手法を取入れるともっと効率がよくなる．逆行列は，numpy モジュールの linalg にある inv によってつくられる．

Python コード 7・7 Fit: 独立なデータに対して，あらかじめ用意した関数を用いて一般的な最小二乗法フィッティングを行うプログラム (p.113)．

```
from scipy import *
from plotsvg import *
def fit(function,data,parin,figures=True):
    '''
Function. Non-linear least-squares fit of function
------------------------------------------------
(x,par) to data
--------------
arguments:
  function          predefined function(x,par),
```

data	where x=independent variable (called with an array x=data[0]); par is a list of parameters, e.g. [a,b] list (or 2D array) [x,y] or [x,y,sig]. sig contains standard deviations of y (if known). If sig is given, a chi-squared test is done; if not given, equal weights are assumed.
parin	list of initial values for the parameters, e.g. [0.,1.]
figures=True	if True, two figures are produced and displayed
returns:	[parout,sigma] (final parameters with s.d.)

Remarks:
The sum of weighted square deviations chisq=sum(((y-function(x))/sig)**2) [or, if no sig is given, SSQ=sum(((y-function(x)))**2)] is minimized by the nonlinear Scipy routine leastsq., using function values only. After successful determination of the best fit, uncertainties (s.d. and correlation coefficients) are computed, including the full covariance matrix. Plots of the fit and the residuals are produced.
Example: fit exponential function to data [x,y] with sd sig:
```
>>>def f(x,par):
       [a,k,c]=par
       return a*exp(-k*x)+c
>>>[[a,k,b],[siga,sigk,sigc]]=fit(f,[x,y,sig],
[1.,0.1,0.])
'''
    import os
    from scipy import optimize,stats
```

```python
lsq = optimize.leastsq
if (len(data)==2):
    weights = False
elif (len(data)==3):
    weights = True
else:
    print 'ERROR: data should contain 2 or\
        3 items'
    print 'fit aborted'
    return 0
m = len(parin)
x = array(data[0])
n = len(x)
y = array(data[1])
if  (len(y)!=n):
    print 'ERROR: x and y have unequal length'
    print 'fit aborted'
    return 0
if weights:
    sig = array(data[2])
    if (len(sig)!=n):
        print 'ERROR: x and sig have unequal length'
        print 'fit aborted'
        return 0
    def residuals(p): return (y-\
        function(x,p))/sig
else:
    def residuals(p): return (y-function(x,p))
def SSQ(p): return (residuals(p)**2).sum()
SSQ0 = SSQ(parin)
# print results after minimization:
print '\n Report on least-squares parameter fit'
if weights:
    print 'chisq = sum of square reduced dev.\
        (y-f(x))/sig'
else:
    print 'SSQ = sum of square deviations (y-f(x))'
print '\nnr of data points:       %5d' % (n)
print    'nr of parameters:       %5d' % (m)
```

```python
print  'nr of degrees of freedom: %5d' % (n-m)
print '\nInitial values of parameters: '
print parin
if weights:
    print 'Initial chisq = %10.6g' % (SSQ0)
else:
    print 'Initial SSQ = %10.6g' % (SSQ0)
output = lsq(residuals,parin,full_output = 1)
parout = output[0]
SSQout = SSQ(parout)
print 'Results after minimization:'
if weights:
    print 'Final chisq = %10.6g' % (SSQout)
else:
    print 'Final SSQ = %10.6g' % (SSQout)
print 'Final values of parameters'
print parout
# covariance matrix C
C = SSQout/(n-m)*output[1]
sigma = arange(m,dtype = float)
for i in range(m): sigma[i] = sqrt(C[i,i])
print 'Standard inaccuracies of parameters,:'
print sigma
print '\nMatrix of covariances'
print C
SR = zeros((m,m),dtype = float)
for i in range(m):
    SR[i,i] = sigma[i]
    for j in range(i + 1,m):
        SR[j,i] = SR[i,j] = C[i,j]/(sigma[i]*
        sigma[j])
print '\nMatrix of sd (diagonal) and corr.
    coeff. (off-diag)'
print SR
# chisq analysis
if weights:
nu = n-m
F = stats.chi2.cdf(SSQout,nu)
```

```python
        print '\nChi-square analysis:'
        print 'chi^2 (sum of weighted square\
            deviations) = %10.6g' % (SSQout)
        print 'cum. prob. for chi^2 = %5.3g %%' % (100.*F)
        if (F < .1):
            print "chi^2 is low! Did you\
                overestimate the supplied\
                sigma's?"
            print 'Or did you fit the original\
                data too closely with too many\
                parameters?'
        elif (F > .9):
            print "chi^2 is high! Did you neglect\
                an error source in the supplied\
                sigma's?"
            print 'Or did the data result from a\
                bad fitting procedure?'
        else:
            print 'cum. probab. of chi^2 is\
                reasonable (between 10% and 90%).'
            print "The spread in the data agrees\
                with the supplied sigma's"
# produce two plots (data and fitting curve;
# residuals)
if figures:
    xmin = x.min(); xmax = x.max()
    ymin = y.min(); ymax = y.max()
    if weights:
        maxsigy = sig.max()
        ymin = ymin-maxsigy
        ymax = ymax + maxsigy
    y1 = 1.05*ymin-0.05*ymax; y2 = 1.05*ymax\
    -0.05*ymin
    f = Figure()
    f.frame([[xmin,xmax],[y1,y2]],title = \
        'Least-squares fit')
    if weights:
        f.plotp([x,y],symbolfill = Blue,ybars = \
```

```
            sig, barcolor = Blue)
        else:
            f.plotp([x,y],symbolfill = Blue)
        def fun(x): return function(x,parout)
        f.plotf(fun,color = Red)
        f.show(filename = 'figfit.svg')
        os.startfile('figfit.svg')
        print 'figfit.svg is now displayed by your\
            browser'
        residuals = y-fun(x)
        minres = residuals.min(); maxres = residuals.max()
        if weights:
            minres = minres-maxsigy
            maxres = maxres + maxsigy
        y1 = 1.05*minres-0.05*maxres; y2 = 1.05*maxres\
            -0.05*minres
        f = Figure()
        f.size = [5500,3400]
        f.frame([[xmin,xmax],[y1,y2]],
        title ="residuals")
        if weights:
            f.plotp([x,residuals],symbolfill = Blue,\
            ybars = sig, barcolor = Blue)
        else:
            f.plotp([x,residuals],symbolfill = Blue)
        f.show(filename = 'figresiduals.svg')
        os.startfile('figresiduals.svg')
        print 'figresiduals.svg is now displayed\
            by your browser'
return [parout,sigma]
```

コメント

このプログラムは著者のホームページからダウンロードできる．最新のアップデートをチェックされたい．二つのグラフが自動的に生成され，標準的なブラウザで表示される．.svg mime type で自分の SVG 対応のブラウザが起動することを確認すること．

> **Python コード 7・8** ウレアーゼの速度論の例題について，さまざまな偏差の二乗和を計算し，F 検定を行う (p.115).

まず python コード 7・1 と 7・5 を走らせて，独立変数 S，従属変数 v，最適パラメータ pout を定義する．

```
y=S
def fun(x,p): return p[0]*x/(p[1]+x)
def ssq(x): return (x**2).sum()
f=fun(v,pout)
SST=ssq(y-y.mean())
SSR=ssq(f-f.mean())
SSE=ssq(y-f)
Fratio=SSR/(SSE/4.)
from scipy import stats
Fcum=stats.f.cdf(Fratio,1,4)
print 'SST=%7.3f SSR=%7.3f SSE=%7.3f' % (SST,SSR,SSE)
print 'Fratio=%7.3f Fcum=%7.3f' % (Fratio,Fcum)
```

コメント

関数 ssq(x) は，1 次元配列 x の要素の二乗和を計算する．配列 f はベストフィットな関数値を与える．scipy モジュールの stats にはいっている関数 f.cdf(Fratio,nu1,nu2) は，累積 F 分布を与える．

> **Python コード A5・1** 一様に分布した n 個の乱数の和の確率分布関数 pdf を生成する (p.156).

```
from scipy import fftpack
def symmetrize(x):  # adds mirror to x
    n=alen(x)
    half=n/2
    for i in range(1,half): x[n-i] += x[i]
    return 1
def FT(Fx,delx):    # produces real FT of symmetric
                    # Fx
```

```
        Gy=fftpack.fft(Fx).real*delx
        return Gy
def IFT(Gy,delx):    # produces real inverse FT of
                     # symmetric Gy
        Fx=fftpack.ifft(Gy).real/delx
        return Fx
n=10                 # number of random numbers to be
                     # added
a=sqrt(3./n)         # [-a,a] is range of random
                     # numbers
nft=4096             # array length for FT
xm=50.               # maximum of x-scale
delx=2.*xm/nft       # delta x between points in Fx
dely=pi/xm           # delta y between points in Gy
ym=nft*dely/2.       # maximum of y-scale
Fx=zeros((nft),dtype=float)
                     # set rectangular function Fx:
for i in range(int(a/delx)): Fx[i]=0.5/a
symmetrize(Fx)       # this makes the FT real
corr=1./Fx.sum()/delx # correction to make
                     # integral exactly = 1
Fx=Fx*corr
Gy=FT(Fx,delx)       # Fourier transform of
                     # rectangular function
Gyn=Gy**n            # FT of convolution of 10
                     # rectangular functions
Fxn=IFT(Gyn,delx)    # Inverse FT gives the
                     # convolution function
m=4./delx            # [-4,4] is interesting plot
                     # range
yn=concatenate((Fxn[-m:],Fxn[:m]))
                     # yn is the useful output
```

コメント

　この例では区間 $[-a,a)$ に一様に分布した $n=10$ 個の乱数の和の確率分布関数を計算する．ここで a は，和の分散が 1 になるように選ぶ．そのような分布は 10 個の矩形関数のたたみ込みであり，元の矩形関数のフーリエ変換の n 乗のフーリエ

逆変換で得られる．最後の行では結果を，0のまわりで対称ではあるがもっと狭い範囲（$-4<x<4$）に移している．

Python コード A7・1 ブロック平均法による平均の分散の計算（p.162）．

```
def block(data,n):
# block-average data in blocks of length n
# data: input [x,y] (x,y: 1D-arrays of same length)
# n: number of points in each block
# returns array of block averages of both x and y
    ntot=len(data[0])
    nnew=ntot/n
    x=zeros(nnew,dtype=float)
    y=zeros(nnew,dtype=float)
    for i in range(nnew):
        x[i]=sum(data[0][i*n:(i+1)*n])/float(n)
        y[i]=sum(data[1][i*n:(i+1)*n])/float(n)
    return [x,y][1ex]
def blockerror(data,blocksize=[10,20,40,60,80,100,125]):
# make list of s.d of the mean for given blocksizes
# data: input [x,y] (x,y: 1D-arrays of same length)
# blocksize: list of lengths of blocks,
#    assuming independent block averages
# returns [blocksize, stderror, ybars]
# ybars is rms inaccuracy of stderror
    n=len(data[1])
    delt=(data[0][-1]-data[0][0])/float(n-1)
    xout=[]
    yout=[]
    ybars=[]
    for nb in blocksize:
        xyblock=block(data,nb)
        number = len(xyblock[1])
        std=xyblock[1].std()
        stderror = std/sqrt(number-1.)
        xout += [nb*delt]
```

```
            yout += [stderror]
            ybars += [stderror/sqrt(2.*(number-1.))]
    return [xout,yout,ybars]
```

コメント

data=[x,y]ができていると仮定する（x と y は配列）．関数 block(data,n) は，長さ n のブロックについての平均から成る新しいデータを返す．ブロックは最初のデータ項目から始まる．もしブロックの整数値とデータ点の数が適合しなければ残りのデータ点は使わない．関数 blockerror は，任意に設定できるパラメーター blocksize のなかにあるおのおのの要素について関数 block をよぶ．おのおののブロックサイズについて，平均の標準誤差を計算し，yout として出力する．出力値 xout は x の単位で表現したブロックサイズである．出力値 ybars は平均値の個数が限られていることに基づいて見積った yout の標準偏差であり，出力データのプロットにひくエラーバーとして使える．

第Ⅳ部
データシート

C・1 カイ二乗分布

C・1・1 二乗和の確率分布

$x_1, x_2, \cdots, x_\nu$ は正規分布をする独立な変数であり，$E[x_i]=0$ と $E[x_i^2]=1$ を満足する．$\nu=$自由度．$\chi^2=\sum_{i=1}^{\nu} x_i^2$ である．χ^2 の確率密度関数は，

$$f(\chi^2|\nu)\mathrm{d}\chi^2 = \left[2^{\nu/2}\Gamma\left(\frac{\nu}{2}\right)\right]^{-1}(\chi^2)^{\nu/2-1}\exp[-\chi^2/2]\mathrm{d}\chi^2$$

1 $f(\chi^2|\nu)$ のモーメント

平　均	$\mu = E[\chi^2]$	$= \nu$
分　散	$\sigma^2 = E[(\chi^2-\mu)^2]$	$= 2\nu$
歪　度	$\gamma_1 = E[(\chi^2-\mu)^3/\sigma^3]$	$= 2\sqrt{(2/\nu)}$
過剰尖度	$\gamma_2 = E[(\chi^2-\mu)^4/\sigma^4 - 3]$	$= 12/\nu$

2 特別な場合

ν	$f(\chi^2|\nu)$
1	$(2\pi)^{-1/2}\chi^{-1}\exp[-\chi^2/2]$
2	$\frac{1}{2}\exp[-\chi^2/2]$
3	$(2\pi)^{-1/2}\chi\exp[-\chi^2/2]$
∞	$(4\pi\nu)^{-1/2}\exp[-(\chi^2-\nu)^2/(4\nu)]$
	分散が 2ν の正規分布

C・1・2 ポアソン分布との関係（ν は偶数）

$$1-F(\chi^2|\nu)=\sum_{j=0}^{c-1}e^{-m}m^j/j!$$

$$\left(c=\frac{1}{2}\nu,\ m=\frac{1}{2}\chi^2\right)$$

C・1・3 累積カイ二乗分布

$F(\chi^2|\nu)=$ 二乗和が χ^2 より小さくなる確率は，

$$F(\chi^2|\nu) = \int_0^{\chi^2} f(S|\nu)\mathrm{d}S$$

§C・1・4 の表を参照.

χ^2 より大きくなる確率は $1-F(\chi^2)$.

C・1・4 1%, 10%, 50%, 90%, 99% の受容基準に対する χ^2 の値

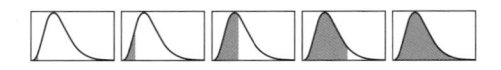

$F = \nu$	0.01	0.10	0.50	0.90	0.99
1	0.000	0.016	0.455	2.706	6.635
2	0.020	0.211	1.386	4.605	9.210
3	0.115	0.584	2.366	6.251	11.35
4	0.297	1.064	3.357	7.779	13.28
5	0.554	1.610	4.351	9.236	15.09
6	0.872	2.204	5.348	10.65	16.81
7	1.239	2.833	6.346	12.02	18.48
8	1.646	3.490	7.344	13.36	20.09
9	2.088	4.168	8.343	14.68	21.67
10	2.558	4.865	9.342	15.99	23.21
11	3.053	5.578	10.34	17.28	24.73
12	3.571	6.304	11.34	18.55	26.22
13	4.107	7.042	12.34	19.81	27.69
14	4.660	7.790	13.34	21.06	29.14
15	5.229	8.547	14.34	22.31	30.58
20	8.260	12.44	19.34	28.41	37.57
25	11.52	16.47	24.34	34.38	44.31
30	14.95	20.60	29.34	40.26	50.89
40	22.16	29.05	39.34	51.81	63.69
50	29.71	37.69	49.34	63.17	76.15
60	37.49	46.46	59.34	74.40	88.38
70	45.44	55.33	69.33	85.53	100.4
80	53.54	64.28	79.33	96.58	112.3
90	61.75	73.29	89.33	107.6	124.1
100	70.07	82.36	99.33	118.5	135.8
∞	$\nu-a$	$\nu-b$	ν	$\nu+b$	$\nu+a$

$a = 3.290\sqrt{\nu}$ $\qquad$ $b = 1.812\sqrt{\nu}$

C・2 F 分布
C・2・1 F 分布
- 変数の意味：F 比 = 二つの標本グループについての平均二乗偏差の比．

$$F_{\nu_1,\nu_2} = \frac{\mathrm{MSD}_1}{\mathrm{MSD}_2} = \frac{\sum (\Delta y_{1i})^2/\nu_1}{\sum (\Delta y_{2i})^2/\nu_2}$$

- F 検定：両方のグループが，分散が同じ分布から抽出されたものであることの（累積）確率を出す．

1 確率密度関数

$$f(F\nu_1,\nu_2) = \frac{\Gamma\left(\frac{\nu_1+\nu_2}{2}\right)}{\Gamma\left(\frac{\nu_1}{2}\right)\Gamma\left(\frac{\nu_1}{2}\right)} \nu_1^{\nu_1/2} \nu_2^{\nu_2/2} F^{(\nu_1-2)/2} (\nu_2+\nu_1 F)^{-(\nu_1+\nu_2)/2}$$

2 累積密度関数

$$F(F_{\nu_1,\nu_2}) = \int_{-\infty}^{F} f(F')\,\mathrm{d}F'$$

$$1 - F(F_{\nu_1,\nu_2}) = \int_{F}^{\infty} f(F')\,\mathrm{d}F'$$

- 平均：$m = \nu_2/(\nu_2 - 2)$, $\nu_2 > 2$
- 分散：$\sigma^2 = 2\nu_2^2(\nu_1 + \nu_2 - 2)/[\nu_1(\nu_2-2)^2(\nu_2-4)]$, $\nu_2 > 4$

3 折返し関数

$$F(F_{\nu_1,\nu_2}) = 1 - F(1/F_{\nu_2,\nu_1})$$

たとえば 95% 水準で $F_{10,5} = 4.74$．したがって 5% 水準では $F_{5,10} = 1/4.74 = 0.21$
ゆえに F 比が 1 より大きいところに表を限定してよい．

C・2・2 回帰分析における ANOVA（分散分析）で使う

n 個のデータ (x_i, y_i), $i = 1, \cdots n$ がある．$f_i = ax_i + b$ で線形回帰を行う．偏差の総二乗和 SST を SSR（回帰 SSQ，モデルで説明できる部分）と SSE（残余誤差）に分ける．$\nu =$ 自由度．

$$\mathrm{SST}(\nu = n-1) = \mathrm{SSR}(\nu = 1) + \mathrm{SSE}(\nu = n-2)$$

$$\mathrm{SST} = \sum (y_i - \langle y \rangle)^2\,;\ \mathrm{SSR} = \sum (f_i - \langle y \rangle)^2\,;\ \mathrm{SSE} = \sum (y_i - f_i)^2$$

$F_{1,n-2} = [\mathrm{SSR}/1]/[\mathrm{SSE}/(n-2)]$ について F 検定を実行する．

■ 注意 ■ パラメーターが m 個の回帰に対しては，

$$F_{m-1, n-m} = [\text{SSR}/(m-1)]/[\text{SSE}/(n-m)]$$

について F 検定を実行する．

C・2・3　パーセント点が 95% と 99% の F 分布

もし $(\sum y_{1i}^2/\nu_1)/(\sum y_{2i}^2/\nu_2)$ が表の F 比の値 F_{ν_1, ν_2} より大きければ，y_1 と y_2 が同じ分散の分布からの標本である確率は 5% より小さい．

$F(F_{\nu_1, \nu_2}) = 0.95$

ν_2 \ ν_1	1	2	3	4	5	7	10	20	50	∞
2	18.5	19.0	19.2	19.3	19.3	19.4	19.4	19.5	19.5	19.5
3	10.1	9.55	9.28	9.12	9.01	8.89	8.79	8.66	8.58	8.53
4	7.71	6.94	6.59	6.39	6.26	6.09	5.96	5.80	5.70	5.63
5	6.61	5.79	5.41	5.19	5.05	4.88	4.74	4.56	4.44	4.36
7	5.59	4.74	4.35	4.12	3.97	3.79	3.64	3.44	3.32	3.23
10	4.96	4.10	3.71	3.48	3.33	3.14	2.98	2.77	2.64	2.54
20	4.35	3.49	3.10	2.87	2.71	2.51	2.35	2.12	1.97	1.84
50	4.03	3.18	2.79	2.56	2.40	2.20	2.03	1.78	1.60	1.44
∞	3.84	3.00	2.61	2.37	2.21	2.01	1.83	1.57	1.35	1.00

$F(F_{\nu_1, \nu_2}) = 0.99$

ν_2 \ ν_1	1	2	3	4	5	7	10	20	50	∞
2	98.5	99.0	99.2	99.3	99.3	99.4	99.4	99.5	99.5	99.5
3	34.1	30.8	29.5	28.7	28.2	27.7	27.2	26.7	26.4	26.1
4	21.2	18.0	16.7	16.0	15.5	15.0	14.6	14.0	13.7	13.5
5	16.3	13.3	12.1	11.4	11.0	10.5	10.1	9.55	9.24	9.02
7	12.3	9.55	8.45	7.85	7.46	6.99	6.62	6.16	5.86	5.65
10	10.0	7.56	6.55	5.99	5.64	5.20	4.85	4.41	4.12	3.91
20	8.10	5.85	4.94	4.43	4.10	3.70	3.37	2.94	2.64	2.42
50	7.17	5.06	4.20	3.72	3.41	3.02	2.70	2.27	1.95	1.68
∞	6.63	4.61	3.78	3.32	3.02	2.64	2.32	1.88	1.53	1.00

C・3 最小二乗法フィッティング

C・3・1 一般的な最小二乗法フィッティング

1 偏差の重みつき二乗和

a. 相関のないデータ　n 個の測定値 $y_i, i=1,\cdots n$ があるなかでつぎの条件を満足する m 個のパラメーター $\hat{\theta}_k, k=1,\cdots m,\ m<n$ を探す．

$$S = \sum_{i=1}^{n} w_i(y_i - f_i)^2 \Rightarrow 最小化$$

$f_i(\theta_1,\cdots\theta_m)$ はパラメーターの関数である．最小値を $S(\hat{\boldsymbol{\theta}})=S_0$ とする．y_i も f_i も一つ以上の独立な変数の関数であってよい．残差 $\varepsilon_i=y_i-f_i$ はつぎの性質をもつランダムな分布からの標本であるとする．$E[\varepsilon_i]=0,\ E[\varepsilon_i\varepsilon_j]=\sigma_i^2\delta_{ij}$

重み因子 w_i は σ_i^{-2} に比例しなければならない．もし偏差の分散 σ_i^2 がわかっていれば，$x_0^2=\min\sum_{i=1}^{n}[(y_i-f_i)/\sigma_i]^2$ について自由度が $\nu=n-m$ のカイ二乗検定を行うことができる．

b. 相関のあるデータ
$$S = \sum_{i,j=1}^{n} w_{ij}(y_i - f_i)(y_j - f_j) \Rightarrow 最小化$$

ここで $\varepsilon_i=y_i-f_i$ はランダムな分布からの標本であり，$E[\varepsilon_i]=0,\ E[\varepsilon_i\varepsilon_j]=\Sigma_{ij}$ という性質をもつ．$\boldsymbol{\Sigma}$ は測定値の共分散行列である．重み因子の行列 $\boldsymbol{W}$ は $\boldsymbol{\Sigma}^{-1}$ に比例しているはずである．

2 パラメーターの共分散

$\boldsymbol{\theta}$ の尤度は $\exp\left[-\frac{1}{2}\chi^2(\boldsymbol{\theta})\right]$ に比例する．$E[\chi_0^2]=n-m$ であるから，$\chi^2(\boldsymbol{\theta})$ は S のスケーリングによって見積られる．

$$\hat{\chi}^2(\boldsymbol{\theta}) = (n-m)S(\boldsymbol{\theta})/S_0 = n - m + (\Delta\boldsymbol{\theta})^{\mathrm{T}} \boldsymbol{B} \Delta\boldsymbol{\theta}$$

ここで $\Delta\boldsymbol{\theta} = \boldsymbol{\theta} - \hat{\boldsymbol{\theta}}$ である．

パラメーターの共分散行列の期待値 $\boldsymbol{C}=E\left[(\Delta\boldsymbol{\theta})(\Delta\boldsymbol{\theta})^{\mathrm{T}}\right]$ は，

$$\boldsymbol{C} = \boldsymbol{B}^{-1}$$

で与えられる．$\sigma_k=\sqrt{C_{kk}},\ \rho_{kl}=C_{kl}/(\sigma_k\sigma_l)$ である．

C・3・2 パラメーターについて線形の場合

f_i が $\boldsymbol{\theta}$ の線形関数であれば，

$$f_i(\boldsymbol{\theta}) = \sum_k A_{ik}\theta_k \quad;\quad \boldsymbol{f} = \boldsymbol{A}\boldsymbol{\theta} \quad (一般に\ A_{ik} = \partial f_i/\partial\theta_k)$$

$$S = (\boldsymbol{y} - \boldsymbol{f})^{\mathrm{T}} \boldsymbol{W} (\boldsymbol{y} - \boldsymbol{f}) \Rightarrow 最小化$$

そのときのパラメータ値は,

$$\hat{\boldsymbol{\theta}} = (\boldsymbol{A}^{\mathrm{T}} \boldsymbol{W} \boldsymbol{A})^{-1} \boldsymbol{A}^{\mathrm{T}} \boldsymbol{W} \boldsymbol{y}$$

ここで $W_{ij} \propto \sigma_i^{-2} \delta_{ij}$ (相関のないデータ). $S(\hat{\boldsymbol{\theta}}) = S_0$.

パラメーターの共分散行列の期待値 $\boldsymbol{C} = E[(\Delta\boldsymbol{\theta})(\Delta\boldsymbol{\theta})^{\mathrm{T}}]$ は次式で与えられる.

$$\boldsymbol{C} = [S_0/(n-m)](\boldsymbol{A}^{\mathrm{T}} \boldsymbol{W} \boldsymbol{A})^{-1}$$

1 特別な場合:線形関数

$f_i = f(x_i) = ax_i + b$ (a と b はパラメーター)

$$a = \langle(\Delta x)(\Delta y)\rangle / \langle(\Delta x)^2\rangle \quad ; \quad b = \langle y \rangle - a\langle x \rangle$$

ここで 〈 〉 は加重平均であり,たとえば,

$$\langle \xi \rangle = (1/w) \sum_{i=1}^{n} w_i \xi_i \; ; \; w = \sum_{i=1}^{n} w_i$$
$$\Delta x = x - \langle x \rangle \; ; \; \Delta y = y - \langle y \rangle$$

2 a と b の(共)分散の期待値

$$E[(\Delta a)^2] = \sigma_a^2 = S_0 / [n(n-2)\langle(\Delta x)^2\rangle]$$
$$E[(\Delta b)^2] = \sigma_b^2 = \langle x^2 \rangle \sigma_a^2$$
$$E[\Delta a \Delta b] = -\langle x \rangle \sigma_a^2 \; ; \; \rho_{ab} = -\langle x \rangle \sigma_a / \sigma_b$$

■ 注意 ■ もし $\langle x \rangle = 0$ であれば a と b には相関がない.

C・3・3 x と y の相関係数 r

$$r = \frac{\langle(\Delta x)(\Delta y)\rangle}{\sqrt{\langle(\Delta x)^2\rangle}\sqrt{\langle(\Delta y)^2\rangle}} = a \left(\frac{\langle(\Delta x)^2\rangle}{\langle(\Delta y)^2\rangle} \right)^{1/2}$$

C・4 正規分布
C・4・1 一次元ガウス関数

1 確率密度関数

$$f(x)\mathrm{d}x = (\sigma\sqrt{2\pi})^{-1}\exp[-(x-\mu)^2/(2\sigma^2)]\mathrm{d}x$$

- $\mu =$ 平均
- $\sigma^2 =$ 分散
- $\sigma =$ 標準偏差
- 標準形： $f(z) = (1/\sqrt{2\pi})\exp(-z^2/2)$
  $z = (x-\mu)/\sigma$

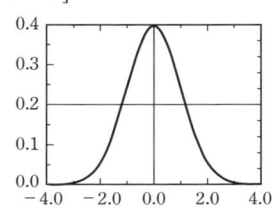

2 特性関数

$$\Phi(t) = \exp\left(-\frac{1}{2}\sigma^2 t^2\right)\exp(\mathrm{i}\mu t)$$

3 中心モーメント

$$\mu_n = \int_{-\infty}^{\infty}(x-\mu)^n f(x)\mathrm{d}x$$

奇数の m について $\mu_m=0$, $\mu_{2n}=\sigma^{2n}\times 1\times 3\times 5\times \cdots \times(2n-1)$, $\mu_2=\sigma^2$, $\mu_4=3\sigma^4$, $\mu_6=15\sigma^6$, $\mu_8=105\sigma^8$. 歪度$=0$, 過剰尖度$=0$.

4 累積分布関数

$$F(x) = \int_{-\infty}^{x} f(x')\mathrm{d}x' = \frac{1}{2}\{1+\mathrm{erf}(x/\sigma\sqrt{2})\}$$

$$1-F(x) = F(-x) = \int_{x}^{\infty} f(x')\mathrm{d}x' = \frac{1}{2}\mathrm{erfc}(x/\sigma\sqrt{2})$$

z	$f(z)$	$F(-z)$	z	$f(z)$	$F(-z)$
0.0	0.3989	0.5000	1.4	1.497e-01	8.076e-02
0.1	0.3970	0.4602	1.6	1.109e-01	5.480e-02
0.2	0.3910	0.4207	1.8	7.895e-02	3.593e-02
0.3	0.3814	0.3821	2.0	5.399e-02	2.275e-02
0.4	0.3683	0.3446	2.5	1.753e-02	6.210e-03
0.5	0.3521	0.3085	3.0	4.432e-03	1.350e-03
0.6	0.3332	0.2743	3.5	8.727e-04	2.326e-04
0.7	0.3123	0.2420	4.0	1.338e-04	3.167e-05
0.8	0.2897	0.2119	5.0	1.487e-06	2.866e-07
0.9	0.2661	0.1841	7.0	9.135e-12	1.280e-12
1.0	0.2420	0.1587	10	7.695e-23	7.620e-24
1.2	0.1942	0.1151	15	5.531e-50	3.671e-51

z の大きな値について：$F(-z) = 1 - F(z) \approx \dfrac{f(z)}{z}\left(1 - \dfrac{1}{z^2+2} + \cdots\right)$

C・4・2 多変量ガウス関数
1 n 次元の一般式

$$f(\boldsymbol{x})\mathrm{d}\boldsymbol{x} = (2\pi)^{-n/2}(\det \boldsymbol{W})^{1/2}\exp\left[-\frac{1}{2}(\boldsymbol{x}-\mu)^{\mathrm{T}}\boldsymbol{W}(\boldsymbol{x}-\mu)\right]\mathrm{d}\boldsymbol{x}$$

ここで $\boldsymbol{W}$ は重み因子である．$\boldsymbol{W} = \boldsymbol{C}^{-1}$

$\boldsymbol{C} \stackrel{\mathrm{def}}{=} E\left[(\boldsymbol{x}-\mu)(\boldsymbol{x}-\mu)^{\mathrm{T}}\right]$ は共分散行列である．

2 二変量ガウス分布

$$\boldsymbol{C} = \begin{pmatrix} \sigma_x^2 & \rho\sigma_x\sigma_y \\ \rho\sigma_x\sigma_y & \sigma_y^2 \end{pmatrix} \quad ; \quad \rho \text{ は相関関数}$$

$$\boldsymbol{W} = \frac{1}{1-\rho^2}\begin{pmatrix} \sigma_x^{-2} & -\rho/(\sigma_x\sigma_y) \\ -\rho/(\sigma_x\sigma_y) & \sigma_y^{-2} \end{pmatrix}$$

$$f(x,y)\mathrm{d}x\mathrm{d}y = \frac{1}{2\pi\sigma_x\sigma_y\sqrt{1-\rho^2}}\exp\left[-\frac{z^2}{2(1-\rho^2)}\right]\mathrm{d}x\,\mathrm{d}y$$

$$z^2 = \frac{(x-\mu_x)^2}{\sigma_x^2} - 2\frac{\rho(x-\mu_x)(y-\mu_y)}{\sigma_x\sigma_y} + \frac{(y-\mu_y)^2}{\sigma_y^2}$$

・標準形：

$\mu_x = \mu_y = 0$, $\sigma_x = \sigma_y = 1$, $r^2 = x^2 - 2\rho xy + y^2$ は，$\rho > 0$ であれば $45°$ 傾いた楕円であり，$\rho < 0$ であれば $-45°$ 傾いた楕円である．半長軸は $a = r/\sqrt{1-|\rho|}$．半短軸は $b = r/\sqrt{1+|\rho|}$．楕円上で積分した累積確率は，

$$1 - \exp\left[-\frac{1}{2}r^2/(1-\rho^2)\right]$$

である．

・周辺分布：

$$f_x(x) = (\sigma_x\sqrt{2\pi})^{-1}\exp\left[-\frac{1}{2}((x-\mu_x)/\sigma_x)^2\right]$$

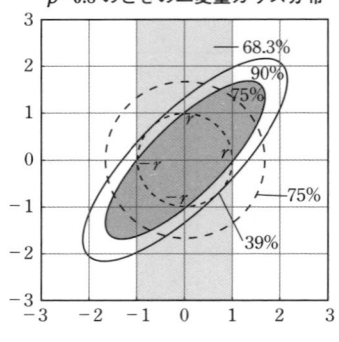

- 条件つき分布:
$$f(x|y) = \frac{1}{\sigma_x\sqrt{2\pi(1-\rho^2)}} \exp\left[-\frac{\{x - \mu_x - \rho(\sigma_x/\sigma_y)(y - \mu_y)\}^2}{2\sigma_x^2(1-\rho^2)}\right]$$
- 条件つき期待値:
$$E[x|y] = \mu_x + \rho(\sigma_x/\sigma_y)(y - \mu_y)$$

C・4・3　n 個のうち 1 個以上の標本が範囲の外にくる確率

n 個の（正規分布した独立な）標本のうち少なくとも一つが $(\mu-d, \mu+d)$ の範囲の外にくる確率は，

$$\Pr\{\geq 1;\ n,d\} = 1 - [1 - 2F(-d/\sigma)]^n \quad \text{（両側）}$$

n \ d/σ	1.5	2	2.5	3	3.5	4
1	0.134	0.046	0.012	0.0027	4.7e-4	6.3e-5
2	0.249	0.089	0.025	0.0054	9.3e-4	1.3e-4
3	0.350	0.130	0.037	0.0081	0.0014	1.9e-4
4	0.437	0.170	0.049	0.0108	0.0019	2.5e-4
5	0.512	0.208	0.061	0.0134	0.0023	3.2e-4
6	0.577	0.244	0.072	0.0161	0.0028	3.8e-4
7	0.634	0.278	0.084	0.0187	0.0033	4.4e-4
8	0.683	0.311	0.095	0.0214	0.0037	5.1e-4
9	0.725	0.342	0.106	0.0240	0.0042	5.7e-4
10	0.762	0.372	0.117	0.0267	0.0046	6.3e-4
12	0.821	0.428	0.139	0.0319	0.0056	7.6e-4
15	0.884	0.503	0.171	0.0397	0.0070	9.5e-4
20	0.943	0.606	0.221	0.0526	0.0093	0.0013
25	0.972	0.688	0.268	0.0654	0.0116	0.0016
30	0.986	0.753	0.313	0.0779	0.0139	0.0019
40	0.997	0.845	0.393	0.102	0.0184	0.0025
50	0.999	0.903	0.465	0.126	0.0230	0.0032
70	1.000	0.962	0.583	0.172	0.0321	0.0044
100	1.000	0.991	0.713	0.237	0.0455	0.0063
150	1.000	0.999	0.847	0.333	0.0674	0.0095
200	1.000	1.000	0.918	0.418	0.0889	0.0126
300	1.000	1.000	0.976	0.556	0.130	0.0188
400	1.000	1.000	0.993	0.661	0.167	0.0250
500	1.000	1.000	0.998	0.741	0.208	0.0312

水平線は 5% 水準を示す．

C・4・4 n 個のうちで 1 個以上の標本が値を超える確率

n 個の(正規分布した独立な)標本のうち少なくとも一つが $\mu+d$ より大きい(または $\mu-d$)より小さい確率は,

$$\Pr\{\geq 1;\ n,d\} = 1 - [1 - F(-d/\sigma)]^n \quad \text{(片側)}$$

n \ d/σ	1.5	2	2.5	3	3.5	4
1	0.067	0.023	0.0062	0.0014	2.3e-4	3.2e-5
2	0.129	0.045	0.012	0.0027	4.7e-4	6.3e-5
3	0.187	0.067	0.019	0.0040	6.9e-4	9.5e-5
4	0.242	0.088	0.025	0.0054	9.3e-4	1.3e-5
5	0.292	0.109	0.031	0.0067	0.0012	1.6e-4
6	0.340	0.129	0.037	0.0081	0.0014	1.9e-4
7	0.384	0.149	0.043	0.0094	0.0016	2.2e-4
8	0.425	0.168	0.049	0.011	0.0019	2.5e-4
9	0.463	0.187	0.055	0.012	0.0021	2.9e-4
10	0.499	0.206	0.060	0.013	0.0023	3.2e-4
12	0.564	0.241	0.072	0.016	0.0028	3.8e-4
15	0.646	0.292	0.089	0.020	0.0035	4.8e-4
20	0.749	0.369	0.117	0.027	0.0046	6.3e-4
25	0.823	0.438	0.144	0.033	0.0058	7.9e-4
30	0.874	0.499	0.170	0.038	0.0070	9.5e-4
40	0.937	0.602	0.221	0.053	0.0093	0.0013
50	0.968	0.684	0.268	0.065	0.012	0.0016
70	0.992	0.800	0.353	0.090	0.016	0.0022
100	0.999	0.900	0.464	0.126	0.023	0.0032
150	1.000	0.968	0.607	0.183	0.034	0.0047
200	1.000	0.990	0.712	0.237	0.045	0.0063
300	1.000	0.999	0.846	0.333	0.067	0.0095
400	1.000	1.000	0.917	0.417	0.089	0.0126
500	1.000	1.000	0.956	0.491	0.110	0.0157

水平線は 5% 水準を示す.

C・5 物理定数

物 理 量	数 値
光速度	$c = 299\,792\,458$ m/s （厳密に）
磁気定数（真空の透磁率）	$\mu_0 = 4\pi \times 10^{-7}$ N/A^2 （厳密に）
	$= 1.256\,637\,0614\cdots \times 10^{-6}$
電気定数（真空の誘電率）	$\varepsilon_0 = 1/\mu_0 c^2$ （厳密に）
	$= 8.854\,187\,817\cdots \times 10^{-12}$ F/m
真空の特性インピーダンス	$Z_0 = \sqrt{\mu_0/\varepsilon_0} = \mu_0 c$ （厳密に）
	$= 376.730\,313\,461\cdots\,\Omega$
プランク定数	$h = 6.626\,068\,96(33) \times 10^{-34}$ J s
ディラック定数 $h/2\pi$	$\hbar = 1.054\,571\,628(53) \times 10^{-34}$ J s
重力定数	$G = 6.674\,28(67) \times 10^{-11}$ m^3 kg^{-1} s^{-2}
素電荷（電荷素量）	$e = 1.602\,176\,487(40) \times 10^{-19}$ C
電子の質量	$m_e = 9.109\,382\,15(45) \times 10^{-31}$ kg
陽子の質量	$m_p = 1.672\,621\,637(83) \times 10^{-27}$ kg
	$= 1.007\,276\,466\,77(10)$ u
m_e/m_p	$= 5.446\,170\,2177(24) \times 10^{-4}$
原子質量単位	$u = 1.660\,538\,782(83) \times 10^{-27}$ kg
アボガドロ数	$N_A = 6.022\,141\,79(30) \times 10^{23}$ mol^{-1}
ボルツマン定数	$k = 1.380\,6504(24) \times 10^{-23}$ J/K
気体定数 kN_A	$R = 8.314\,472(15)$ J mol^{-1} K^{-1}
モル体積	$V_m = 22.710\,98(40) \times 10^{-3}$ m^3/mol
理想気体　273.15 K，100 kPa	
ファラデー定数 eN_A	$F = 96\,485.3399(24)$ C/mol
ボーア半径	$a_0 = 5.291\,772\,0859(36) \times 10^{-11}$ m
$a_0 = \hbar/(m_e c\alpha) = 10^7 (\hbar/ce)^2/m_e$	
ボーア磁子	$\mu_B = 9.274\,009\,15(23) \times 10^{-24}$ J/T
$\mu_B = e\hbar/2m_e$	
核磁子	$\mu_N = 5.050\,783\,24(13) \times 10^{-27}$ J/T
電子の磁気モーメント	$\mu_e = -9.284\,763\,77(23) \times 10^{-24}$ J/T
陽子の磁気モーメント	$\mu_p = 1.410\,606\,662(37) \times 10^{-26}$ J/T
電子の g 因子	$g_e = -2.002\,319\,304\,3622(15)$
陽子の g 因子	$g_p = 5.585\,694\,713(46)$
微細構造定数	$\alpha = 7.297\,352\,5376(50) \times 10^{-3}$
$\alpha^{-1} = 4\pi\varepsilon_0 \hbar c/e^2$	$\alpha^{-1} = 137.035\,999\,679(94)$
陽子の磁気回転比	$\gamma_p = 2.675\,222\,099(70) \times 10^8$ s^{-1} T^{-1}
	$\gamma_p/2\pi = 42.577\,4821(11)$ MHz/T
量子コンダクタンス	$G_0 = 7.748\,091\,7004(53) \times 10^{-5}$ S
ジョセフソン定数	$K_J = 4.835\,978\,91(12) \times 10^{14}$ Hz/V
量子磁気フラックス	$\Phi_0 = 2.067\,833\,667(52) \times 10^{-15}$ Wb
$G_0 = 2e^2/h$；$K_J = 2e/h$；$\Phi_0 = h/2e$	

物理定数（つづき）

物 理 量	数 値
シュテファン・ボルツマン定数 $\pi^2 k^4/(60\hbar^3 c^2)$; $U=\sigma T^4$ 黒体放射　W m^{-2} K^{-4}	$\sigma=5.670\,400(40)\times 10^{-8}$
リュードベリ定数 $\alpha^2 m_e c/2h$	$R_\infty=10\,973\,731.568\,527(73)$ m^{-1}

括弧のなかは標準偏差．

- 中性子(n)，重水素(d)，ミュー中間子(μ) の質量

  n： $1.674\,927\,211(84)\times 10^{-27}$ kg $= 1.008\,664\,915\,97(43)$ u

  d： $3.343\,583\,20(17)\times 10^{-27}$ kg $= 2.013\,553\,212\,724(78)$ u

  μ： $1.883\,531\,30(11)\times 10^{-28}$ kg $= 0.113\,428\,9256(29)$ u

C・5・1　相対的標準偏差

g_e	7.4×10^{-13}	g_p	8.2×10^{-9}
R_∞	6.6×10^{-12}	e, K_J, Φ_0	2.5×10^{-8}
m_d/u	3.9×10^{-11}	h, N_A, u, m_e, m_p, m_d, m_n	5.0×10^{-8}
m_p/u	1.0×10^{-10}	k, R, V_m	1.7×10^{-6}
m_e/u, m_n/u, m_e/m_p	4.2×10^{-10}	σ（シュテファン・ボルツマン）	7.0×10^{-6}
α, a_0, G_0	6.8×10^{-10}	G	1.0×10^{-4}

C・5・2　誘導量の精度

もし y_k が物理定数 x_i のべき乗の積であれば，つまり $y_k=a_k\prod_{i=1}^{N} x_i^{p_{ki}}$ （a_k は定数）であれば，

$$\epsilon_k{}^2 = \sum_{i=1}^{N} p_{ki}{}^2 \epsilon_i{}^2 + 2\sum_{j<i}^{N} p_{ki} p_{kj} r_{ij} \epsilon_i \epsilon_j$$

である．ここで ϵ_k は相対的標準偏差であり，r_{ij} は i と j の間の相関係数である（r については米国国立標準技術研究所（NIST）のCODATA推奨データ集のウェブサイトを参照のこと）．

C・6 確率分布
C・6・1 連続一次元確率関数

x は領域 D からの実変数であり,確率密度関数 (pdf) $p(x)$ は実数であり,$p(x) \geq 0$ である. $p(x)\mathrm{d}x$ は標本 X を区間 $(x, x+\mathrm{d}x)$ に見いだす確率.

$p(x)$ は規格化されている:$\int_D p(x)\mathrm{d}x = 1$ (もし $p(x)$ が規格化できなければインプロパーな pdf という). $p(x)$ を最大とする x をモードという.

確率密度関数 $p(x)$ のもとでの関数 $g(x)$ の期待値をつぎの汎関数で定義する.

$$E[g(x)] \stackrel{\text{def}}{=} \int_D g(x)\, p(x)\, \mathrm{d}x$$

- 平均 (mean):$\mu = E[x]$
- 分 散:$\sigma^2 = E[(x-\mu)^2]$
- 標準偏差 (std) σ:分散の平方根
- n 次のモーメント:$\mu_n \stackrel{\text{def}}{=} E[x^n]$
- n 次の中心モーメント:$\mu_n{}^c \stackrel{\text{def}}{=} E[(x-\mu)^n]$
- 歪 度:$E[(x-\mu)^3/\sigma^3]$
- 尖 度:$E[(x-\mu)^4/\sigma^4]$
- 過剰尖度:尖度 -3
- 特性関数 $\Phi(t)$:

$$\Phi(t) \stackrel{\text{def}}{=} E[\mathrm{e}^{\mathrm{i}tx}] = \int_{-\infty}^{\infty} \mathrm{e}^{\mathrm{i}tx} p(x)\mathrm{d}x$$

$$= \sum_{n=0}^{\infty} \frac{(\mathrm{i}t)^n}{n!} E[x^n] = \sum_{n=0}^{\infty} \frac{(\mathrm{i}t)^n}{n!} \mu_n$$

$\Phi(t)$ はモーメント μ_n の母関数である. モーメントは $t=0$ における特性関数の導関数の値からも求められる.

$$\Phi^{(n)}(0) = \left.\frac{\mathrm{d}^n \Phi}{\mathrm{d}t^n}\right|_{t=0} = \mathrm{i}^n \mu_n$$

特別な場合:$\mu_2 = \sigma^2 + \mu^2 = -\left(\mathrm{d}^2 \Phi(t)/\mathrm{d}t^2\right)_{x=0}$

- 累積分布関数 (cdf) $P(x)$:

$$P(x) \stackrel{\text{def}}{=} \int_a^x p(x')\, \mathrm{d}x'$$

ここで a は x の領域の下限である (通常は $-\infty$). $P(x)$ は初期値が 0,最終値が 1 の単調増加関数である. $P(x) = 0.5$ となる x がメジアンである. $P(x) = 0.25$ で

あれば x は第 1 四分位数. $P(x)=0.75$ であれば x は第 3 四分位数. $P(x)=0.01n$ であれば x は n 番目のパーセンタイルである.
- 生存関数 (sf)：$S(x)=1-P(x)$

C・6・2 連続二次元確率関数

- 結合 pdf：$p(x,y)\mathrm{d}x\,\mathrm{d}y$ は標本の組 (X,Y) について X が区間 $(x,x+\mathrm{d}x)$ にあり，かつ Y が区間 $(y,y+\mathrm{d}y)$ に見つかる確率である.
- 条件つき pdf：$p(x|y)\mathrm{d}x$（y が与えられたときに x で決まる p）は標本の組 (X,Y) について Y が y という値をとるなかで，X が区間 $(x,x+\mathrm{d}x)$ に見つかる確率である.
- 周辺 pdf：$p_x(x)=\int p(x,y)\mathrm{d}y$ は標本の組 (X,Y) について Y の値にかかわらず X が区間 $(x,x+\mathrm{d}x)$ に見つかる確率である.

$$p(x|y) = p(x,y)/p_y(y)$$
$$p(x,y) = p_x(x)\,p(y|x) = p_y(y)\,p(x|y)$$
$$p(x|y) = p_x(x) \quad \text{ただし } x \text{ と } y \text{ が独立のとき}$$
$$p(x,y) = p_x(x)\,p_y(y) \quad \text{ただし } x \text{ と } y \text{ が独立のとき}$$

- $g(x,y)$ の期待値：$E[g(x,y)] = \int \mathrm{d}x \int \mathrm{d}y\, g(x,y)\,p(x,y)$
- x の平均値：μ_x はつぎの期待値である.

$$E[x] = \int \mathrm{d}x \int \mathrm{d}y\, x\,p(x,y) = \int x\,p_x(x)\mathrm{d}x$$

- x の分散：$\sigma_x^2 = C_{xx} = E[(x-\mu_x)^2]$
- x と y の共分散：$C_{xy} = E[(x-\mu_x)(y-\mu_y)] = \int \mathrm{d}x \int \mathrm{d}y\,(x-\mu_x)(y-\mu_y)\,p(x,y)$
- x と y の相関係数：$\rho_{xy} = C_{xy}/(\sigma_x \sigma_y)$

$\boldsymbol{C} = E[\boldsymbol{xx}^{\mathrm{T}}]$ は相関行列（$\boldsymbol{x}$ は平均値からの偏移縦ベクトル）を成分とする.

C・7 スチューデントの t 分布

C・7・1 スチューデントの t 分布

X を期待値が 0 で分散が σ^2 の正規分布に従う変数とし，Y^2/σ^2 を自由度 ν のカイ二乗分布に従う独立な変数とする．そうすれば，$t=\dfrac{X\sqrt{\nu}}{Y}$ は自由度が ν のスチューデントの t 分布 $f(t|\nu)$ に従う．この分布は σ によらない．

$$f(t|\nu)\mathrm{d}t = \frac{1}{\sqrt{\nu\pi}}\frac{\Gamma[(\nu+1)/2]}{\Gamma(\nu/2)}\left(1+\frac{t^2}{\nu}\right)^{-(\nu+1)/2}\mathrm{d}t$$

C・7・2 応用：平均値の精度

$x_1,\cdots,x_n$ を未知の期待値 μ と未知の分散 σ^2 をもつ正規分布からの n 個の独立な標本とする．$\langle x\rangle=\frac{1}{n}\sum_{i=1}^{n}x_i$，$S=\sum_{i=1}^{n}(x_i-\langle x\rangle)^2$，$\hat{\sigma}=\sqrt{S/(n-1)}$ とする．そうすれば $t=[(\langle x\rangle-\mu)\sqrt{n}]/\hat{\sigma}$ は自由度 $\nu=n-1$ のスチューデントの t 分布に従う．σ の最良推定値は $\hat{\sigma}$ である．もし σ がわかっていれば $\langle x\rangle$ は平均が μ で分散が σ^2/n の正規分布に従う．後者の場合，$\chi^2=S/\sigma^2$ は自由度が $\nu=n-1$ のカイ二乗分布に従う．

C・7・3 いくつかの性質とモーメント

- f は対称である：$f(-t)=f(t)$；平均 $=0$
- 分散 $\sigma_2=\nu/(\nu-2)$，$(\nu>2)$；歪度 $\gamma_1=0$
- 過剰尖度 $\gamma_2=E[t^4]/\sigma^4-3=6/(\nu-4)$
- $\lim_{\nu\to\infty}f(t|\nu)=(1/\sqrt{2\pi})\exp(-t^2/2)$

C・7・4 累 積 分 布

$F(t|\nu)=\int_{-\infty}^{t}f(t'|\nu)\mathrm{d}t'$

$F(-t|\nu)=1-F(t|\nu)$

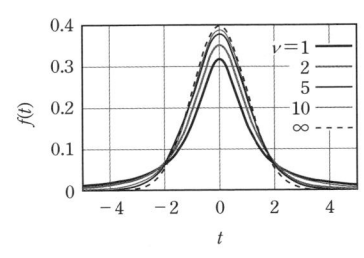

データシート p.210 の表を参照のこと．

C・7・5 75%, 90%, 95%, 99%, 99.5% の受容水準における t の値

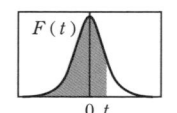

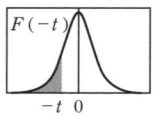

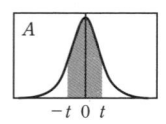

$A=$両側区間 $(-t, t)$ についての受容水準

$F(t)=$	0.75	0.90	0.95	0.99	0.995
$F(-t)=$	0.25	0.10	0.05	0.01	0.005
$A(\%)$	50	80	90	98	99
$\nu=1$	1.000	3.078	6.314	31.821	63.657
2	0.816	1.886	2.920	6.965	9.925
3	0.765	1.638	2.353	4.541	5.841
4	0.741	1.533	2.132	3.747	4.604
5	0.727	1.467	2.015	3.365	4.032
6	0.718	1.440	1.943	3.143	3.707
7	0.711	1.415	1.895	2.998	3.499
8	0.706	1.397	1.860	2.896	3.355
9	0.703	1.383	1.833	2.821	3.250
10	0.700	1.372	1.812	2.764	3.169
11	0.697	1.363	1.796	2.718	3.106
12	0.695	1.356	1.782	2.681	3.055
13	0.694	1.350	1.771	2.650	3.012
14	0.692	1.345	1.761	2.624	2.977
15	0.691	1.341	1.753	2.602	2.947
20	0.687	1.325	1.725	2.528	2.845
25	0.684	1.316	1.708	2.485	2.787
30	0.683	1.310	1.697	2.457	2.750
40	0.681	1.303	1.684	2.423	2.704
50	0.679	1.299	1.676	2.403	2.678
60	0.679	1.296	1.671	2.390	2.660
70	0.678	1.294	1.667	2.381	2.648
80	0.678	1.292	1.664	2.374	2.639
100	0.677	1.290	1.660	2.364	2.626
∞	0.674	1.282	1.645	2.326	2.576

C·8 単 位

C·8·1 SI 基本単位

SI の意味: *Système International d'Unités*

NIST（米国国立標準技術研究所）のホームページ参照.

- 長さ: メートル（m）. 真空中で光が 1/299 792 458 秒間に進む距離（1983）.
- 質量: キログラム（kg）. 国際キログラム原器の質量（1901）.
- 時間: 秒（s）. ^{133}Cs の基底状態の超微細構造準位間を 9 192 631 770 回遷移するのに要する時間（1967）.
- 電流: アンペア（A）. 真空中で 1 m の間隔で平行に配置された無限に長く限りなく細い 2 本の直線導体間にはたらく力が 2×10^{-7} N/m であればそこを流れる電流が 1 A である（1948）.
- 熱力学的温度: ケルビン（K）. 水の三重点における熱力学温度の 1/273.16（1967）.
- 物質量: モル（mol）. 0.012 kg の ^{12}C に含まれる原子数と同数の物質粒子を含む物質の量. 物質が何であるか（原子, 分子, イオン, 電子など）は明示せねばならない（1971）.
- 光度: カンデラ（cd）. 540×10^{12} Hz の単色光を 1/683 W/sr（ワット / ステラジアン）でもって観測方向に放射する光源の放射強度.

C·8·2 SI 接頭語

倍数	接頭語		記号	倍数	接頭語		記号
10^{-1}	デシ	deci	d	10^{1}	デカ	deca	da
10^{-2}	センチ	centi	c	10^{2}	ヘクト	hecto	h
10^{-3}	ミリ	milli	m	10^{3}	キロ	kilo	k
10^{-6}	マイクロ	micro	μ	10^{6}	メガ	mega	M
10^{-9}	ナノ	nano	n	10^{9}	ギガ	giga	G
10^{-12}	ピコ	pico	p	10^{12}	テラ	tera	T
10^{-15}	フェムト	femto	f	10^{15}	ペタ	peta	P
10^{-18}	アト	atto	a	10^{18}	エクサ	exa	E
10^{-21}	ゼプト	zepto	z	10^{21}	ゼタ	zetta	Z
10^{-24}	ヨクト	yocto	y	10^{24}	ヨタ	yotta	Y

C・8・3　SI 組立単位（SI から導かれる単位）

組　立　量	よく使う 変数名	名　　称	SI 組 立 単 位
平面角（円は 2π）	α など	ラジアン	rad
立体角（球面は 4π）	ω, Ω	ステラジアン	sr
面　　積	A, S		m^2
体　　積	V		m^3
振動数（または周波数）	ν	ヘルツ	$Hz = s^{-1}$
（線形）運動量	p		$kg\,m\,s^{-1}$
角運動量	L, J		$kg\,m^2\,s^{-1}$
角速度			$rad\,s^{-1} = s^{-1}$
波　　数			m^{-1}
密　　度	ρ		kg/m^3
慣性モーメント	I		$kg\,m^2$
力	F	ニュートン	$N = kg\,m\,s^{-2}$
トルク（偶力）	M		$N\,m$
圧　　力	p, P	パスカル	$Pa = N/m^2$
粘度（または粘性率）	η		$N\,s\,m^{-2} = kg\,m^{-1}\,s^{-1}$
表面張力			$N\,m^{-1} = kg\,s^{-2}$
エネルギー	E, w	ジュール	$J = N\,m = kg\,m^2\,s^{-2}$
モルエネルギー			$J\,mol^{-1} = m^2\,kg\,s^{-2}\,mol^{-1}$
パワー（仕事率）	P	ワット	$W = J/s$
電　　荷	q, Q	クーロン	$C = A\,s$
静電ポテンシャル（電位）	V, Φ	ボルト	$V = J/C$
電　　場	E		V/m
電束密度（電気変位）	D		C/m^2
静電容量	C	ファラッド	$F = C/V$
電気抵抗	R	オーム	$\Omega = V/A$
比抵抗	ρ		$\Omega\,m$
伝導度（コンダクタンス）	G	ジーメンス	$S = \Omega^{-1}$
比伝導度（伝導率）	σ, κ		S/m
インダクタンス	L	ヘンリー	$H = Wb/A$
磁　　束	Φ	ウェーバー	$Wb = V\,s$
磁　　場	H		A/m
磁束密度	B	テスラ	$T = Wb/m^2$
光　　束	Φ	ルーメン	$lm = cd\cdot sr$
照　　度	I	ルクス	$lx = lm/m^2$
放射能	A	ベクレル	$Bq = s^{-1}$
吸収線量	D	グレイ	$Gy = J/kg$
線量当量	H	シーベルト	$Sv = J/kg$

C・8・4 非SI単位（英米単位を含む）

データシート p.230 の原子単位も参照のこと．

名　称	単位記号	SI単位による表現
長　さ		
フェルミ	f	$1\,\text{fm} = 10^{-15}\,\text{m}$
オングストローム	Å	$10^{-10}\,\text{m}$
ミル＝0.001 in（インチ）	mil	$25.4\,\mu\text{m}$
インチ	in	$2.54\,\text{cm}$（厳密に）
フィート＝12 in	ft	$0.304\,8\,\text{m}$
ヤード＝3 ft	yd	$0.914\,4\,\text{m}$
ファゾム＝6 ft		$1.828\,8\,\text{m}$
ケーブル＝720 ft		$185.2\,\text{m}$
法定マイル＝1760 yd		$1609.34\,\text{m}$
海　里	nm	$1852\,\text{m}$
天文単位	ua	$1.495\,978\,70 \times 10^{11}\,\text{m}$
光　年	l.y.	$9.4605 \times 10^{15}\,\text{m}$
パーセク	pc	$3.086 \times 10^{16}\,\text{m}$
面　積		
バーン＝100 fm²	b	$10^{-28}\,\text{m}^2$
アール	a	$100\,\text{m}^2$
ヘクタール	ha	$10^4\,\text{m}^2$
エーカー＝4840 sq. yd		$4046.87\,\text{m}^2$
平方マイル＝640エーカー		$2.59\,\text{km}^2$
体　積		
英国液体オンス	fl oz	$28.41\,\text{cm}^3$
米国液体オンス		$29.572\,9\,\text{cm}^3$
米国液体パイント＝16 US fl. oz		$473.2\,\text{cm}^3$
英国パイント 　＝20 英国液体オンス	pt	$568.2\,\text{cm}^3$
米国液体クォート 　＝2 米国液体パイント		$946.3\,\text{cm}^3$
リットル	L	$1\,\text{dm}^3 = 10^{-3}\,\text{m}^3$
英国クォート＝2 英国パイント	qt	$1.136\,\text{dm}^3$
米国ガロン 　＝4 米国液体クォート＝231 in³	gal(US)	$3.785\,4\,\text{dm}^3$
英国ガロン＝4 英国クォート ブッシェル＝8 英国ガロン	gal(UK)	$4.546\,\text{dm}^3$

C・8 単　位

非 SI 単位（つづき）

名　　称	単位記号	SI 単位による表現
バレル＝42 米国ガロン		158.9873 dm^3
ト　ン		1 m^3
登録トン＝100 ft^3		2.83 m^3
質　量		
統一原子質量単位	u	1.660 538 782(83) ×10^{-27} kg
グレーン	gr	64.798 91 mg（厳密に）
(英国)ドラクマ＝(英国)ドラム＝60 gr		3.887 934 6 g
オンス	oz	28.349 527 g（厳密に）
トロイオンス(薬用オンス)　＝480 gr		31.103 4768 g
ポンド＝16 oz＝7000 grain	lb	0.453 592 37 kg（厳密に）
(英国)ストーン＝14 lbs		6.35 kg
ト　ン	t	1000 kg
時　間		
分	min	60 s
時　間	h	3600 s
温　度		
t 摂氏温度	℃	t＋273.15 K
f 華氏温度＝(f－32)×5/9 ℃	°F	
速　度		
ノット＝海里/h		0.514 44 m/s
力		
ダイン	dyn	10^{-5} N
重量ポンド	lbf	4.448 22 N
重量キログラム	kgf	9.806 65 N（厳密に）
圧　力		
慣用ミリメートル水銀柱	mmHg	101 325/760 Pa（厳密に）　＝133.322 Pa
ト　ル	Torr	101 325/760 Pa　＝133.322 Pa

非 SI 単位（つづき）

名　　称	単位記号	SI 単位による表現
ポンド毎平方インチ	Psi	6 894.76 Pa
工学気圧＝kgf/cm²	at	98 066.5 Pa（厳密に）
バール	bar	10^5 Pa
標準大気圧	atm	101 325 Pa（厳密に）
エネルギー		
ハートリー	E_h	$4.359\,743\,94(22)\times 10^{-18}$ J
エルグ	erg	10^{-7} J
熱化学カロリー	cal_{th}	4.184 J
15℃カロリー	cal_{15}	4.1855 J
国際カロリー	cal_{IT}	4.1868 J
英国熱量単位	Btu	1055.87 J
キロワット時	kWh	3.6 MJ
トン石炭当量	tse	29.3 GJ
トン石油当量	toe	45.4 GJ
m³ 天然ガス（平均値, 0℃, 1 atm）		39.4 MJ
パワー（仕事率）		
仏馬力（メートル法）＝75 kgf m/s	PS	735.5 W
英馬力（ヤード・ポンド法）＝550 lbf ft/s	hp	745.7 W
粘度 または 粘性率		
ポアズ＝$g\,cm^{-1}\,s^{-1}$	P	$0.1\,kg\,m^{-1}\,s^{-1}$
動粘度 または 動粘性率		
ストークス	St	10^{-4} m²/s
放射能, 線量		
キュリー	Ci	3.7×10^{10} Bq
レントゲン	R	2.58×10^{-4} C/kg
ラド	rad, rd	0.01 Gy
レム	rem	0.01 Sv
光		
スチルブ	sb	cd/cm²
フォト	ph	$cd\,cm^{-2}\,sr^{-1}$

非 SI 単位（つづき）

名　　称	単位記号	SI 単位による表現
静電単位（esu） $4\pi\varepsilon_0=1$（無次元）になるように電荷を c.g.s. 単位 $(g^{1/2}\,cm^{3/2}\,s^{-1})$ で表す.		
電　荷		$10^{-9}/2.997\,924\,58$ C
電　流		$10^{-9}/2.997\,924\,58$ A
双極子モーメント		$10^{-11}/2.997\,924\,58$ C m
デバイ $=10^{-18}$ esu	D	$10^{-29}/2.997\,924\,58$ C m
静電ポテンシャル		$299.792\,458$ V
静電場		$2.997\,924\,58\times10^4$ V/m
静磁単位（emu） $\mu_0/4\pi=1$（無次元）となる電流を c.g.s. 単位 $(g^{1/2}\,cm^{1/2}\,s^{-1})$ で表す.		
電流：アバンペール	abamp	10 A
磁場：エルステッド $=(1/4\pi)$ abamp/cm	Oe	$10^3/4\pi$ A/m
磁束密度（磁気誘導）：ガウス	G	10^{-4} T
磁束：マクスウェル	Mx	10^{-8} Wb

C・8・5　原子単位（a.u.）

a.u. の基本単位はボーア半径 a_0，電子質量 m_e，ディラック定数 $\hbar$，電気素量 e. つまり，$m_e=1$ a.u., $\hbar=1$ a.u., $c=1/\alpha$ a.u., $e=1$ a.u., $4\pi\varepsilon_0=1$ a.u.

物理量	数　値
質　量	$m_e = 9.109\,382\,15(45)\times10^{-31}$ kg
長　さ	$a_0 = 5.291\,772\,0859(36)\times10^{-11}$ m
電　荷	$e = 1.602\,176\,487(40)\times10^{-19}$ C
時　間	$a_0/(\alpha c) = 2.418\,884\,326\,505(16)\times10^{-17}$ s
	$= (4\pi R_\infty c)^{-1}$
速　度	$\alpha c = 2.187\,691\,2541(15)\times10^6$ m/s
エネルギー	$\hbar^2/(m_e a_0^2) = e^2/(4\pi\varepsilon_0 a_0) = \alpha^2 m c^2$
	$= 2R_\infty hc$
（ハートリー）	$E_h = 4.359\,743\,94(22)\times10^{-18}$ J
	$= 2\,625.312\,93(13)$ kJ/mol
	$= 627.464\,850(32)$ kcal/mol
	$= 27.211\,383\,86(68)$ eV

C・8・6 分子単位

これは分子のモデリングやシミュレーションに有用な分子向け単位系である.クーロン力には静電係数 $f=1/(4\pi\varepsilon_0)$ が掛かって $F=fq_1q_2/r^2$ と表せられる.f の単位は $kJ\,mol^{-1}\,nm\,e^{-2}$ である.

物理量	分子単位	数値
質量	u	$= 1.660\,538\,86(28)\times 10^{-27}$ kg
長さ	nm	$= 10^{-9}$ m
時間	ps	$= 10^{-12}$ s
速度	nm/ps	$= 1000$ m/s
エネルギー	kJ/mol	$= 1.660\,538\,86\times 10^{-21}$ J
力	$kJ\,mol^{-1}\,nm^{-1}$	$= 1.660\,538\,86\times 10^{-12}$ N
圧力	$kJ\,mol^{-1}\,nm^{-3}$	$= 1.660\,538\,86\times 10^{5}$
		$= 16.605\,3886$ bar
電荷	e	$= 1.602\,176\,53(14)\times 10^{-19}$ C
静電係数	f	$= 138.935\,4574(14)$

索　　　　　引

あ，い

当てはめ　99
　　――の残差　93
アボガドロ数　122
rms 誤差　34, 63
rmsd＝根平均二乗偏差
rms 偏差＝根平均二乗偏差
rpy　175

一元配置 ANOVA　52
1 次元ガウス関数　215
位置パラメーター　121
イーディー・ホフステー法
　　　　　　　　　　82
インプロパー　121

え，お

ANOVA＝分散分析
SI 基本単位　225
SI 組立単位　226
SI 接頭語　225
SI 単位　15
SSR＝回帰二乗和
SSE＝誤差二乗和
SSQ　100, 167
SST＝総二乗和
sf＝生存関数
F 検定　113
FWHM　47
F 比　51
F 分布　51, 211

msd＝平均二乗偏差
エラーバー　17, 84

重み因子　66, 164
重みつき二乗和　167
重みつき平均　164
折返し関数　211

か

回帰二乗和　52, 113
階　級　60
カイ二乗検定　67, 93, 102
カイ二乗分布　51, 209
χ^2 分布　51
ガウス関数　41
確率質量関数　31
確率尺度　43
確率スケール　7, 43
確率分布　3, 31, 221
確率変数　45
確率密度関数　31, 211, 215
加算的因子　121
加重平均　66, 164
過剰尖度　34, 35, 66
片側基準　69
関　数　100
　　――の線形化　79
ガンマ関数　125

き，く

規格化　32, 33
機器の較正　86

棄　却　53
期待値　12, 33
帰無仮説　52, 114
逆確率　119
キュムラント展開　145
境界条件つき最適化問題
　　　　　　　　　　165
共分散　26, 96, 97, 141
共分散行列　107, 150
偶然誤差　22
区　間　33
Gnuplot.py　175
群間分散　52
群内分散　52

け，こ

系統誤差　21
系統的な偏移　144
結合確率　120
結合確率密度関数　32
結合 pdf＝結合確率密度関数
原子単位　230

較正曲線　86
較正表　86
CODATA　220
国際単位系　15
誤　差　21
　　――の表し方　11
　　――の結合　141
　　――の分類　21
誤差関数　43
誤差二乗和　52, 113
誤差要因　88

索引

コーシー分布　47
故障率関数　49
根平均二乗誤差　12
根平均二乗偏差　7, 34, 62

さ, し

最小化問題　94
最小値　7
最小二乗法フィッティング　213
最小分散の見積り　164
最大値　7
Scipy　175
最頻値　12
最良推定値　57
サンプリング分布　70

事後確率　120
事後逆確率密度関数　122
指示関数　59
指数分布　49
事前確率　120
事前確率密度関数　120
実験計画法　51
cdf＝累積分布関数
四分位数　9
ジャックナイフ法　161
重　心　84
従属変数　78
自由度　52, 64, 96
十分位数　35
十分統計量　123
周辺確率　120
周辺確率密度関数　32
周辺 pdf＝周辺確率密度関数
周辺分布　125
寿　命　48
受容基準　103
順位序列　68
条件つき確率　32, 120
乗算性因子　121
仕分け箱　7
信頼区間　12, 35, 64
信頼限界　35

信頼水準　13

す～そ

数値の表し方　10
スケールパラメーター　121
スチューデントの t 分布　51, 63, 64, 125, 223
スネデカー　51

正規分布　152, 215
生存関数　35
積分確率　108
絶対誤差　12, 25
説明変数　94, 99
ゼナーカード　38
線　形　94
線形回帰　94, 167
線形関係　78
尖　度　34, 35

相関係数　97, 98, 141, 215
相関長　64, 158
相互相関　107
相対誤差　12, 25
相対的標準偏差　220
総二乗和　113
相補誤差関数　43

た　行

第 1 四分位数　7, 35
第 3 四分位数　7, 35
対数正規分布　46
対立仮説　53
多項分布　40, 150
たたみ込み　147
多変量ガウス関数　216

逐次最小化公式　100
中央値　7, 35
中心極限定理　45, 154
中心モーメント　34, 215

直接確率　119
直線の傾き　84
デルタ関数　72

統計的重み　59
統計的検定　52
特性関数　36, 147, 215
独立変数　77
トータルレンジ　10

に

二項係数　37
二項分布　37, 149
二重盲検試験　53
二変量　123
二変量正規分布　107
Numpy　175

は, ひ

バイアス　72, 144
Python 拡張モジュール　36
Python 言語　175
箱ひげ図　7
ハザード関数　49
外れ値　7, 68
パーセンタイル　6, 7, 35
ハット　57
パラメーターの共分散　106
パラメーターの精度　105
範　囲　33
汎関数　33
半値全幅　47
非 SI 単位　15, 227
pmf＝確率質量関数
ヒストグラム　6, 7, 58
非線形　28
非線形当てはめ　100
非線形最小二乗法　80

索　引

非線形最小二乗法フィット　171
非線形性　28
pdf＝確率密度関数
百分位数　35
標準誤差　14, 23, 34, 63
標準正規分布　41
標準不確かさ　34
標準偏差　7, 13, 34, 37
標本サイズ　37
頻　度　119
品等法　69

ふ～ほ

復元抽出　71
不確かさ　22, 95
物理定数　219
物理的確率　119
ブートストラップ法　70
プロシージャー　100
ブロック平均法　161
plotsvg.py　175
分　散　7, 34, 37
　——の推定　157
　——の推定値　62
　——の精度　65
分散分析　51, 211
分子単位　231

平　均　7, 12, 33, 37
　——の推定値　62
　——の精度　63

平均値　7, 61
　——の標準偏差　160
平均二乗偏差　7, 61
ベイズ　120
ヘインズ法　82
ベルヌーイ試行　37
偏　差　23

ポアソン分布　40, 150, 209
母関数　221
母集団　49
補正曲線　86
補正表　86

ま行

ミカエリス・メンテン　81

メジアン　7, 12, 35

モード　12
モーメント　34, 209
モーメント母関数　147
モンテカルロ法　26, 27

や行

有　意　44, 113
有意水準　44, 114
有効数字　11
尤　度　93
誘導量の精度　220

尤度関数　96

要因分析法　52

ら行

ラインウィーバー・バーク
　　　プロット　82
ラグランジュの未定乗数法　165
ランダム誤差　22

離散確率分布　31
領　域　33
両側基準　69

累積カイ二乗分布　209
累積分布　6, 223
累積分布関数　7, 35, 215
累積密度関数　211

連続一次元確率分布　221
連続二次元確率関数　222

ロバスト　68
ローレンツ分布　47, 48

わ

y 切片　84
歪　度　34, 35, 66
ワイブル分布　50

林　茂　雄
（はやし　しげお）
1948 年　愛知県に生まれる
1976 年　東京大学大学院理学系研究科
　　　　　　　　博士課程　修了
現　電気通信大学大学院情報理工学研究科　教授
専攻　物理化学
理学博士

馬　場　凉
（ばば　りょう）
1953 年　群馬県に生まれる
1987 年　東京大学大学院工学系研究科
　　　　　　　　博士課程　修了
現　東京海洋大学大学院海洋科学技術研究科　教授
専攻　工業物理化学，光電気化学
工学博士

第1版 第1刷 2013年3月28日 発行

データ・誤差解析の基礎

Ⓒ 2013

訳　者　　林　　茂　雄
　　　　　馬　場　　凉
発行者　　小　澤　美　奈　子
発　行　　株式会社 東京化学同人
　　　　　東京都文京区千石 3-36-7 (☎112-0011)
　　　　　電話 03-3946-5311・FAX 03-3946-5316
　　　　　URL: http://www.tkd-pbl.com/

印　刷　　日本フィニッシュ株式会社
製　本　　株式会社 青木製本所

ISBN978-4-8079-0825-7
Printed in Japan
無断複写，転載を禁じます．